T0131588

Helmut Satz ist emeritierter Professor für Theoretische Physik an der Universität Bielefeld. Er ist einer der Pioniere in der Erforschung von Materie bei extremen Temperaturen und Dichten, die heute experimentell am CERN/Genf und im Brookhaven National Laboratory bei New York untersucht wird. Satz war in beiden Forschungszentren lange Zeit als theoretischer Berater tätig.

Philippe Blanchard war von 1970 bis 1973 Fellow am CERN und sofort danach Professor für mathematische Physik an der Universität Bielefeld. Er ist Autor zahlreicher Fachbücher.

Christoph Kommer hat in Heidelberg Physik mit Spezialisierung in Kosmologie und Quantenfeldtheorie studiert. Derzeit promoviert er am Deutschen Krebsforschungszentrum in Heidelberg. Seit vielen Jahren ist er an diversen Projekten zur populärwissenschaftlichen Vermittlung in der Physik beteiligt.

Helmut Satz • Philippe Blanchard
Herausgegeben von Christoph Kommer

Großforschung
in neuen
Dimensionen

Denker unserer Zeit über die aktuelle
Elementarteilchenphysik am CERN

Springer Spektrum

Helmut Satz
Universität Bielefeld Fakultät für Physik
Bielefeld
Deutschland

Philippe Blanchard
Abt. Theoretische Physik
Universität Bielefeld Fakultät für Physik
Bielefeld
Deutschland

Herausgeber
Christoph Kommer
Universität Heidelberg / DKFZ
Heidelberg
Deutschland

ISBN 978-3-662-45407-7   ISBN 978-3-662-45408-4 (eBook)
DOI 10.1007/978-3-662-45408-4

Die Deutsche Nationalbibliothek verzeichnet diese Publikation in der Deutschen Nationalbibliografie; detaillierte bibliografische Daten sind im Internet über http://dnb.d-nb.de abrufbar.

Springer Spektrum
© Springer-Verlag Berlin Heidelberg 2016

Planung: Margit Maly

Gedruckt auf säurefreiem und chlorfrei gebleichtem Papier

Springer Berlin Heidelberg ist Teil der Fachverlagsgruppe Springer Science+Business Media
www.springer.com

Vorwort

Das Zentrum für interdisziplinäre Forschung (ZiF) der Universität Bielefeld veranstaltet jährlich eine eintägige ZiF-Konferenz, auf der aktuelle Themen von maßgeblichen Wissenschaftlern und Politikern dargestellt und diskutiert werden. Im Jahre 2011 war das Thema „Finanzkrise: Ursachen, Wirkungen, Schlussfolgerungen". Diese Konferenz galt allgemein als sehr erfolgreich und rief auch in der deutschen Presse eine sehr positive Resonanz hervor. Im darauf folgenden Jahr betraf die Zif-Konferenz das Thema „Hat Demokratie eine Zukunft?", und auch diese Veranstaltung wurde wiederum allgemein sehr positiv bewertet.

Nach diesen allgemeinpolitischen Themen schien es uns an der Zeit, die ZiF-Konferenz einem Thema zu widmen, das die Naturwissenschaften betrifft, aber seinerseits auch wiederum von allgemeinem aktuellen Interesse ist: die Rolle der heutigen Großforschung in der Physik. Wir wollten diese Frage behandeln an Hand der unserer Meinung nach wohl erfolgreichsten Großforschungseinrichtung, dem CERN. Das Thema der ZiF-Konferenz 2013 war somit „CERN: Großforschung in der heutigen Naturwissenschaft".

Hierbei wurden eine Vielzahl von Fragen und Aspekten angesprochen:

- Definition der CERN-Thematik und Aufgabenstellung
- Stellenwert in der Wissenschaft
- Impakt auf die Entwicklung der Wissenschaft
- Struktur und Zusammenarbeit der Forschungsgruppen
- Einbindung in die europäische Forschungs- und Verwaltungslandschaft
- Wesentliche bisherige Ergebnisse in Wissenschaft und als *spin-off*
- Finanzierungsstruktur
- Zukunftsperspektiven

und vieles mehr. Wie bisher, gingen wir von sechs Referaten aus, und es war für uns natürlich besonders erfreulich, dass der Generaldirektor des CERN, Herr Professor Rolf-Dieter Heuer, sich sofort bereit erklärte, das Eröffnungsreferat zu übernehmen und dabei das CERN und seine Rolle in den verschiedenen Aspekten ganz allgemein darzustellen.

Anschließend berichtete dann der für die Finanzierung des Large Hadron Collider des CERN zuständige Ministerialdirektor am BMFT, Dr. Hermann Schunck, über den stellenweise mühsamen Weg zu dessen Verwirklichung. Professor Rolf Landua, Antimateriespezialist am CERN und Autor verschiedener allgemein orientierter Wissenschaftsdarstellungen unterstrich die Rolle des CERN als Entwicklungsbeschleuniger in Technik, Kultur und Wissenschaft. Frau Professor Arianna Borrelli ging in ihrer Ausführung auf die vielfältigen soziologischen Aspekte ein, die bei einer Großforschungsanlage mit ihren aus vielen tausend Mitarbeitern bestehenden Kollaborationen auftreten.

Professor Reinhard Stock zeigte an Hand der Schwerionenforschung, welche Probleme sowie auch Möglichkeiten ins Spiel kommen, wenn ein neues Forschungsgebiet am CERN eingeführt wird. Abschließend berichtete Professor Günther Rosner über die derzeit laufende Planung einer internationalen Großforschungsanlage in Darmstadt im Rahmen der Gesellschaft für Schwerionenforschung (GSI).

Die Veranstaltung war sehr zahlreich besucht, und besonders die große Zahl jüngerer Teilnehmer aus den Leistungskursen der Gymnasien zeigte, dass die Thematik in der Tat auf das von uns erhoffte Interesse stieß.

Die Ausarbeitung der mitgeschnittenen Vorträge in eine Form, die zur Buchveröffentlichung geeignet war, stellte ein abschließendes Problem dar. Wir sind Herrn Christoph Kommer von der Universität Heidelberg außerordentlich dankbar, dass er als Herausgeber dieses Buch betreut hat, was ihm außerordentlich gelungen ist.

Schließlich möchten wir nicht versäumen, Frau Manuela Lenzen, Frau Susette von Reder und Frau Hanne Litschewsky für Ihre große Mühe bei der Vorbereitung der Konferenz und der Manuskripte aufrichtig zu danken.

Im Januar 2015

Helmut Satz
Philippe Blanchard

Inhalt

1 Das Forschungszentrum CERN – Von den höchsten
Energien zu den kleinsten Teilchen   1

2 Stolpersteine – Der mühevolle Weg zum Large
Hadron Collider   53

3 Accelerating Science – Das CERN als Beschleuniger
von Technik, Kultur und Gesellschaft   87

4 Was Sie schon immer über das CERN wissen wollten,
aber bisher nicht zu fragen wagten – eine
philosophische und soziologische Perspektive   119

5 Quarkmaterie – ein neues Forschungsgebiet
am CERN.   151

6 The Facility for Antiproton
and Ion Research – FAIR   185

1

Das Forschungszentrum CERN – Von den höchsten Energien zu den kleinsten Teilchen

Prof. Dr. Rolf-Dieter Heuer

Prof. Dr. Rolf-Dieter Heuer hat an der Universität Stuttgart Physik studiert und 1977 bei Joachim Heintze in Heidelberg über den Zerfall des ψ' Mesons promoviert. Von 1978 bis 1983 war er wissenschaftlicher Mitarbeiter an der Universität Heidelberg, wobei er in der JADE Kollaboration am Elektron-Positron Speicherring PETRA am DESY in Hamburg arbeitete. 1984 wechselte er ans Forschungszentrum CERN bei Genf an den dortigen Elektron-Positron Speicherring LEP und das OPAL Experiment. Von 1994 bis 1998 leitete er die OPAL Kollaboration. 1998 bekam er einen Ruf an die Universität Hamburg, wo er am DESY eine der weltweit führenden Gruppen auf dem Gebiet der Elektron-Positron Linearbeschleuniger aufbaute.

Von 2004 bis 2008 hatte er die Forschungsdirektion für Teilchen- und Astroteilchenphysik am DESY inne und war dabei unter anderem für die Physik am HERA Beschleuniger und die Zusammenarbeit des DESY mit dem CERN verantwortlich. Im Januar 2009 trat er sein Amt als Generaldirektor des CERN an.

Das CERN – Europäisch und International

Wenn man über das Forschungszentrum *CERN* (*Conseil Européen pour la Recherche Nucléaire*) berichten möchte, ist ein kurzer Abriss der entsprechenden Hintergründe und Strukturen sicherlich unabdingbar. Im Jahr 1949 kam auf der *Conference de la Culture* in Lausanne zum ersten Mal die Idee zu einer europäischen Kollaboration in der Kernphysik auf – die eines Europäischen Instituts für Kernphysik. Unter der Schirmherrschaft der UNESCO führte dies fünf Jahre später im Jahr 1954 zur Gründung und 1955 zur Grundsteinlegung des CERN, wobei Genf als Sitz bestimmt worden war. Man kann sagen, dass eines der herausragendsten Merkmale des CERN neben der Wissenschaftsausübung auf Weltniveau das der wissenschaftlichen Völkerverständigung darstellt. Durch seine zwölf europäischen Gründungsstaaten, darunter auch Deutschland, ist es eines der ersten europäischen Gemeinschaftsunternehmen. Bis zum heutigen Tag ist die Mitgliederzahl sogar schon auf zwanzig europäische Staaten angewachsen. Man kann es fast als Wissenschaft für den Frieden bezeichnen, wenn eine große Anzahl unterschiedlicher Nationen und Kulturen für das gemeinsame sinnstiftende Ziel des Wissensgewinns zusammenarbeitet. Aufgrund dessen kam 2010 am CERN die Idee auf, den Buchstaben E im Akronym CERN im Englischen von *Europe* zu *Everywhere* umzudefinieren. Dies schlägt sich auch in den neu dazugekommenen Mitgliedsstaaten und den momentan ausstehenden Bewerbungen nieder. Seit 2014 ist Israel Mitglied und schlägt damit die Brücke von Europa nach Asien. Anträge auf vollständige oder assoziierte Mitgliedschaft kommen darüber hinaus aus Ländern wie Brasilien, Russland und Pakistan. Trotz seines hohen Alters von 60 Jahren hat das CERN folglich noch lange nichts von seiner großen Attraktivität eingebüßt.

Am CERN sind 2300 Menschen angestellt und mehr als 1000 weitere Personen werden finanziell unterstützt. Das Forschungszentrum verfügt über ein Budget in Höhe von ungefähr einer Milliarde Schweizer Franken. Über die Hälfte der Mitarbeiter sind sehr jung beziehungsweise am Beginn ihrer Karriere – vom Postdoc zum Ingenieur in erster Anstellung. Das CERN hat darüber hinaus 11.000 wissenschaftliche Nutzer mit rund einhundert verschiedenen Nationalitäten weltweit, die an der Datennahme und wissenschaftlichen Auswertung beteiligt sind (Abb. 1.1). Diese einhundert verschiedenen Nationen arbeiten friedlich zusammen und sprechen dabei alle eine Sprache, nämlich die der Wissenschaft, um den Völkerverständigungsaspekt noch einmal aufzugreifen. Dabei richten sich die erwähnten Nationen nicht nach dem jeweiligen Pass der Wissenschaftler, sondern vielmehr nach dem Standort ihres jeweiligen Instituts, an dem sie forschen. Die meisten davon, rund 65 %, kommen aus den Mitgliedsländern, weitere 30 %

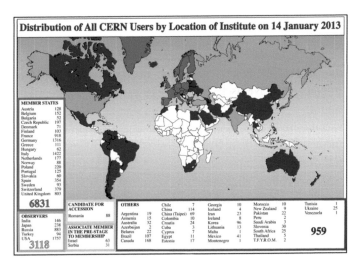

Abb. 1.1 Weltweite nationale Verteilung der am CERN arbeitenden Institute (© CERN)

aus den Beobachterstaaten und den Staaten, die momentan Mitglied werden wollen, und aus dem Rest der Welt knapp 10 %. Man könnte behaupten, dies sei Diplomatie durch Wissenschaft, und damit würde man gar nicht einmal so falsch liegen. Dabei ist der Generaldirektor des CERN kein Wissenschaftler mehr, der Generaldirektor des CERN ist ein reiner Diplomat geworden.

Eine Frage, die sich viele Menschen sicher stellen, ist die des Auftrags des CERN. Zum einen ist das natürlich die Forschung. Das liegt klar auf der Hand, denn ohne sie gäbe es das Forschungszentrum schließlich nicht. Jedoch wäre die Forschung auf der anderen Seite auch unmöglich ohne die Faktoren Innovation, Technologie und Ausbildung. In der Grundlagenforschung, die wir hier betreiben, darf nicht nur nach dem unmittelbaren Nutzen gefragt werden. Wir wollen vor allem die Grenzen des menschlichen Wissens erweitern. Wir wollen Erkenntnisse finden, unter anderem zur Entwicklung des frühen Universums und der Frage, was die Welt im Innersten zusammenhält. Das ist das, was, glaube ich, jeden Menschen jeden Alters bewegt. Der Beginn und die Entwicklung des Universums und seiner Konstituenten sind dabei der springende Punkt. Man benötigt dabei immer neue Technologien für die Beschleuniger und Detektoren, um in eben diese unbekannten Gegenden vorzustoßen. Ebenso wichtig ist für das Forschungszentrum die Weiterentwicklung der Informationstechnologie gewesen. Nicht ohne Grund wurde hier 1989 die heutige Form des Internets, das *World Wide Web*, von *Tim Berners-Lee*, einem ehemaligen Mitarbeiter, entwickelt.

Dies erwuchs aus der Notwendigkeit heraus über eine Plattform zu verfügen, die auf verlässliche Art und Weise allen Leuten, die darauf Zugriff haben durften, entsprechende Informationen schnell und sicher übermitteln konnte. Dieses Bedürfnis legte somit den Grundstein für das WWW, einem exzellenten Beispiel dafür, wie sich aus einem notwendigen Nebenprodukt internationaler Grundlagenforschung etwas entwickelt, das in vielerlei Hinsicht für den Großteil der Menschen weltweit unentbehrlich geworden ist. Der erste Server, auf dem all dies entwickelt wurde, lässt sich heute in der CERN-Ausstellung besichtigen.

Tim Berners-Lee und das WWW
Sir Timothy John Berners-Lee (*1955) ist ein britischer Physiker und Informatiker. Er studierte Physik in Oxford und arbeitete danach einige Jahre bei einer Telekommunikationsfirma und als Software-Entwickler. Als unabhängiger Berater arbeitete er 1980 erstmals am CERN. Nachdem er von 1981 bis 1984 bei einer

Computerfirma in Bournemouth den Direktorenposten übernommen hatte, kehrte er 1984 als Mitarbeiter ans CERN zurück. Durch die unterschiedliche Computernetzwerk-Infrastruktur am CERN schlug Berners-Lee 1989 eine auf dem Hypertextprinzip basierende Methode vor, um den Informationsaustausch zu verbessern. Im Zuge dessen entwickelte er die Programmsprache HTML, den ersten Web-Browser World Wide Web (WWW) und den ersten Webserver CERN httpd. Die erste Webseite wurde im August 1991 online gestellt, informierte über das Prinzip des WWW und lieferte eine Anleitung zum Einrichten eines Webservers.

1994 gründete er das *World Wide Web Consortium* (W3C), dem er heute noch vorsteht. Das W3C besteht aus einer Vielzahl verschiedener Unternehmen und hat sich zur Aufgabe gesetzt die Entwicklung der WWW-Standards und die dahinterstehende Ideologie, wie die der Gebührenfreiheit, zu verfolgen. Seit 1999 ist er Professor für Computerwissenschaften am MIT. Neben zahlreichen Ehrungen wurde er 2004 für seine Verdienste zur Entwicklung des Internets zum Ritter geschlagen.

Ein weiterer Punkt der Weiterentwicklung in der Informations- und Computertechnologie ist das sogenannte *Grid-Computing*, das zur weltweiten Vernetzung von Computerzentren führt. Dies garantiert auf der einen Seite eine immense Rechenleistung zur Datenauswertung, auf der anderen Seite eine exzellente Methode zur Datenspeicherung der enormen Datenmengen. Dies ist zum Beispiel für die Medizin in Bezug auf Diagnose und Therapie sehr wichtig geworden.

Grid-Computing und das CERN

Der Begriff des sogenannten *Grid-Computings* (grid = Gitter) steht für einen Prozess des verteilten Rechnens, wobei aus vielen einzelnen miteinander verbundenen Computern, einem sogenannten *Cluster*, ein *Supercomputer* entsteht, um stark rechenintensive Probleme zu lösen und große Datenmengen verarbeiten zu können. Die zum Teil sehr heterogenen Computer sind dabei im Gegensatz zu herkömmlichen homogenen Clustern, wie zum Beispiel die riesigen *Serverfarmen* bei der NASA oder den Hochleistungsrechenzentren in Jülich und Garching, meist über große Distanzen verteilt, wodurch gerade im Wissenschaftssektor verschiedene Institute ihre Rechenleistung leicht zusammenschließen und somit vergrößern können. Grid-Computing findet in vielen naturwissenschaftlichen Bereichen, wie der Physik, Mathematik und der Medizin Anwendung, aber auch in den Bereichen der Wirtschaftswissenschaften und in der Finanzbranche.

Am CERN findet für die Experimente am LHC das sogenannte *Worldwide LHC Computing Grid* (WLCG) Verwendung, welches den jeweiligen an den entsprechenden Experimenten beteiligten Forschern weltweit die entsprechenden Ressourcen garantiert, um die jährlich anfallenden 15 Petabyte an LHC Daten jederzeit und überall analysieren und verarbeiten zu können. Das WLCG bildet das weltweit größte Computing-Grid mit über 40 beteiligten Ländern, 170 Rechenzentren und mehr als 100.000 Prozessoren und erlaubt Zugriff auf entsprechende LHC-Daten nahezu in Echtzeit. Das WLCG war eine wichtige Voraussetzung für die Verkündung der Entdeckung des Higgs-Bosons am 4. Juli 2012.

Ausbildung am CERN

Kommen wir zum Ausbildungsauftrag. Zum einen betrifft das Studenten, insbesondere DoktorandInnen, wovon ca. 2500 an LHC-Experimenten allein arbeiten und dort ihre Doktorarbeit anfertigen. Wirft man einen Blick in die Altersstatistik, die im Jahr 2009 angefertigt wurde, sieht man eine große Häufung um ein Alter von dreißig Jahren. Schon dies zeigt den hohen Stellenwert, den die jüngere Generation und ihre Ausbildung am CERN besitzen.

Darüber hinaus dürfen auch die vielen Bachelor-, Master- und Diplomstudenten nicht unerwähnt bleiben, die an den jeweiligen Universitäten ebenso ihren Beitrag zu alldem leisten. Doch nicht alle bleiben nach Abschluss ihrer Arbeit am CERN oder überhaupt in der Forschung. Die Hälfte der Doktoranden geht sofort in die freie Wirtschaft. Es wird also nicht nur für den „Elfenbeinturm" ausgebildet, sondern auch für unzählige Wirtschaftsbereiche von der IT-Branche über den Finanzsektor bis hin zu Unternehmensberatungen und Chemieunternehmen.

Wo sind Physiker überall tätig?

Physiker findet man nicht nur an Hochschulen oder Forschungseinrichtungen, sondern in unzähligen Bereichen, bei denen man vielleicht nicht einmal unmittelbar an die Physik denkt. Während nur ungefähr ein Viertel aller Physikabsolventen im eigenen Feld weiterarbeitet, landen viele Physikabsolventen in benachbarten naturwissenschaftlich-technischen Bereichen wie der Chemie, Biologie, Informatik, Mathematik oder dem Ingenieurswesen. Das rein Fachliche steht bei der Physikausbildung auf lange Sicht weniger stark im Vordergrund als das ausgeprägte mathematisch-analytische Verständnis und die Fähigkeit sich schnell in fremde Aufgabenbereiche einarbeiten zu können. Aus diesem Grund sind Physiker nicht nur in der Industrie gefragt, sondern z. B. auch in Bereichen wie der Finanzbranche, als Patentanwälte, in Unternehmensberatungen und aufgrund ausgeprägter EDV-Kenntnisse häufig auch in der IT-Branche.

Der Ausbildungsauftrag beinhaltet noch mehr und zwar in Form von Kursen für Lehrer, den sogenannten *Teacher Schools*. Diese reichen in ihrer Dauer normalerweise von einem verlängerten Wochenende bis hin zu einem dreiwöchigen Kurs. Insgesamt nehmen an diesen Kursen im Laufe des Jahres ungefähr 1000 Lehrer aus aller Herren Länder teil, wodurch wir am Rande des sinnvoll Machbaren sind: Man stelle sich vor, dass dies bei ca. 50 Wochen im Jahr 20 Lehrer pro Woche ergibt! In den letzten 13 Jahren waren dies über 6000 Lehrer, wobei wir in den letzten drei Jahren die Grenze von 1000 pro Jahr erreicht haben. Das Schöne dabei ist, dass die Lehrer nicht nur aus den bekannten Industrienationen kommen, sondern aufgrund weitreichender Kollaborationen auch aus Ländern wie Angola, Ghana und Timor-Leste, wobei das letztere von Portugal unterstützt wird. Wir hegen nun die Hoffnung, dass diese Zusatzausbildung für Physiklehrer sich auch in den Studentenzahlen niederschlägt, indem diese dazu beitragen, die Faszination für die Physik in Bezug auf die aktuelle Forschung am CERN auch in die Schulen zu tragen. Das ist zum Beispiel speziell für die afrikanischen Länder sehr wertvoll! Für die Studenten selbst verfügen wir über Sommerprogramme, wobei wir ca. 250 Studenten jedes Jahr aufnehmen können. Jeder Student bekommt dabei ein Projekt zugeteilt, an dem der- oder diejenige arbeiten kann, so dass wir nicht nur Vorlesungen anbieten, sondern jeden Teilnehmer auch richtig an der Forschung teilnehmen lassen. Die große Nachfrage führt jedoch dazu, dass wir nur ungefähr ein Fünftel bis ein Zehntel aller Bewerber zulassen können. Darüber hinaus bilden wir junge Forscher mit verschiedenen Programmen wie der *CERN School of High Energy Physics*, der *CERN Accelerator School* oder der *CERN School of Computing* weiter. Diese Programme finden jährlich an verschiedenen Orten auf der Welt (im Wesentlichen in den Mitgliedsländern) statt, um so junge Forscher aus verschiedenen Regionen schon früh zusammenzubringen.

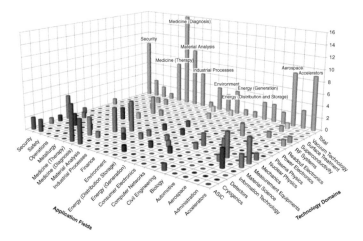

Abb. 1.2 Verteilung der Häufigkeiten der Verbindungen zwischen Technologiebereichen am CERN und den jeweiligen Anwendungsbereichen (© CERN)

Innovation am CERN

Kommen wir als nächstes zum wichtigen Grundpfeiler der Innovation, welche sich an der Schnittstelle zwischen fundamentaler Wissenschaft und den Schlüsseltechnologien befindet. Die wichtigsten drei Bereiche sind hierbei die Teilchenbeschleuniger, die Teilchendetektoren und das sogenannte Large Scale Computing über Grids. Interessant ist hierbei vor allem der Überlapp zwischen den Technologiebereichen, die am CERN wichtig sind, und den weiteren Anwendungen in Wissenschaft, Technik und Wirtschaft (Abb. 1.2). So haben wir auf der einen Seite am CERN zum Beispiel die Bereiche Kältetechnik, Detektoren, Informationstechnologie, Supraleitung, Elektronik, und auf der anderen Seite die Anwendungsgebiete, wie die Automobil-branche, die Luft- und Raumfahrttechnik, der Energiesektor oder die Medizin in den Bereichen Diagnostik und Therapie.

Alle diese Technologiebereiche wirken nun in unterschiedlichen Bereichen der Gesellschaft und in unterschiedlichem Maße. Eine solche Forschungsinfrastruktur, wie das CERN sie bereitstellt, nimmt daher eine wichtige Schlüsselrolle in unserer wissensbasierten Gesellschaft ein, insbesondere im Bereich der Entwicklung. Somit lässt sich der Bereich der Schnittstelle zwischen Wissenschaft und Gesellschaft, der Innovation, auch als Wissenschaft für die Gesellschaft verstehen.

Das soll am Beispiel der Medizin, dem Bereich, auf den die Technologie des CERN und anderer Beschleunigerzentren den größten Einfluss haben, gezeigt werden. Betrachten wir im Speziellen den Bereich der *Hadronentherapie,* in welchem sich die Gebiete der Medizin, Biologie, Physik und Computertechnik beim Kampf gegen den Krebs vereinigen. Hier kommt der Bereich der Teilchenbeschleunigung ins Spiel. Dabei wird der betreffende Tumor mit hochenergetischen Ionen beziehungsweise Protonen bestrahlt, die in Teilchenbeschleunigern auf entsprechende Energien beschleunigt wurden. Von ungefähr 30.000 weltweit existierenden Beschleunigern werden ca. 17.000 in der Medizin verwendet. Somit ist es möglich weltweit an dreißig Einrichtungen über 70.000 Menschen zu behandeln und in Europa an neun Einrichtungen allein über 21.000. Aber nicht nur die Beschleunigung ist hier von Relevanz, sondern auch die Detektion von Teilchen für die entsprechenden bildgebenden Verfahren. Die Detektorentwicklung ist vor allem für die Diagnostik wichtig, wie an Beispielen wie PET (**P**ositronen-**E**missions-**T**omographie)- und MRT (**M**agne**t**resonanz**t**omographie)-Scans deutlich wird. Die Weiterentwicklung der Detektortechnik war bei letzterem maßgebend für die Auslesung von Detektoren in Magnetfeldern und der daraus folgenden Kombination von PET- und MRT-Verfahren, die erst seit ungefähr zehn Jahren möglich ist.

Physik in der Medizin

Das Feld der medizinischen Physik umfasst unter anderem Bereiche wie die *Strahlentherapie, Nuklearmedizin* und *bildgebende Verfahren*, bei denen teilchen- und kernphysikalische Grundlagen und entsprechende Forschung unerlässlich sind. Die Strahlentherapie beschäftigt sich mit der therapeutischen medizinischen Anwendung ionisierender Strahlung. Von besonderem Interesse sind hierbei Gamma-, Röntgen- und Elektronenstrahlung sowie die Behandlung mit Protonen, Neutronen und leichten Ionen bis zum Kohlenstoff. Im Falle der Teletherapie wirken die verschiedenen Strahlungsarten von außen auf den Patienten ein, während sich die Strahlungsquelle bei einer Brachytherapie direkt am oder im Körper befindet. Die benötigte Strahlung wird bei der Teletherapie in Teilchenbeschleunigern erzeugt, im Falle von hochenergetischen positiven Ionen (*Hadronentherapie*) in einem *Zyklotron* oder *Synchrotron*, im Falle von leichten Teilchen wie Elektronen häufig in *Linearbeschleunigern*. Bei der Verwendung unterschiedlicher Strahlungsarten variiert das Eindringverhalten stark: Zum einen erhöht sich die Eindringtiefe bei der Verwendung von Ionen, die ihre Energie räumlich sehr konzentriert abgeben. Hierbei wird das vor dem Tumor liegende Gewebe geschont. Ionen sind vor allem bei der Behandlung tieferliegender Organe von Relevanz. Elektronen und Photonen haben eine weitaus geringere Eindringtiefe und werden im Bereich der Hautoberfläche angewandt.

Der Bereich der bildgebenden Verfahren hingegen beschäftigt sich mit speziellen Untersuchungsmethoden der medizinischen Diagnostik, um Bilddaten spezieller Organe oder Teile des Körpers zu Analysezwecken sammeln zu können. Dazu gehört zum Beispiel die *Computertomographie* (*CT*), die *Positronen-Emissions-Tomographie* (*PET*) oder die *Magnetresonanztomographie* (*MRT*). Während die Computertomographie mit Röntgenstrahlung sogenannte Schnittbilder erstellt, die schließlich eine dreidimensionale Rekonstruktion erlauben, nutzt die PET den radioaktiven schwachen Betazerfall (β^{+}-Strahlung) von entsprechenden Kernen aus. Hierbei werden Positronen, die Antiteilchen der Elektronen, emittiert, die schließlich nach Wechselwirkung mit Elektronen im bestrahlten Objekt zwei hochenergetische Photonen in Form von Gammastrahlen emittieren. Durch eine sogenannte Koinzidenzdetektion dieser Photonen lassen sich wiederum Schnittbilder erzeugen. Die MRT, die auch häufig Kernspintomographie genannt wird, nutzt anstatt entsprechender Strahlung die Eigenschaften des magnetischen Teilchenspins und der kohärenten Ausrichtung von Teilchenkollektiven in Magnetfeldern aus. Dies basiert auf dem Prinzip der sogenannten *Kernspinresonanz* (*NMR = nuclear magnetic resonance*). Durch magnetische resonante Anregung von bestimmten Atomkernen im Körper lassen sich entsprechende Organe ohne Strahlenbelastung abbilden.

Forschung am CERN und der Ursprung des Universums

Nun kommen wir endlich zur Wissenschaft. Wie schon erwähnt, ist eine der spannendsten wissenschaftlichen Herausforderungen mehr über die ersten Momente kurz nach dem Urknall, dem *Big Bang*, herauszufinden. Man stelle sich nur die unglaubliche Dichte und Temperatur vor, die zu Anfang auf einem kleinen Punkt konzentriert war.

Knapp 14 Mrd. Jahre später leben wir in einem Universum, das eine Größe von ca. 10^{28} Zentimetern besitzt. So etwas kann man sich natürlich nur schwer vorstellen.

Um nun mehr über die Geheimnisse der hinter der Entwicklung des Universums liegenden Kosmologie herauszufinden, werden eine Menge an verschiedenen Teleskopen und Experimenten eingesetzt. Dabei reicht das Spektrum von erdgebundenen Instrumenten (wie z. B. ALMA, VLT) bis zu im Weltraum stationierten Instrumenten, wie dem Hubble-Teleskop. Über die Betrachtung des sogenannten *kosmischen Mikrowellenhintergrundes* (*CMB = Cosmic Microwave Background*), der sozusagen den Fingerabdruck des Urknalls beinhaltet, ist es möglich, auf bis zu 380.000 Jahre an den Urknall heranzukommen. Der CMB stellt somit einen Schnappschuss aus dieser Zeit dar und gibt schon zahlreiche Informationen über den Urknall und die spätere Entwicklung preis. Früher kann man allerdings nicht zurückschauen, da wir für direkte Beobachtungen auf Photonen angewiesen sind. Vor dieser Zeit war das Universum jedoch so heiß, dass Photonen mit Materie in Wechselwirkung standen. Sie konnten also schlichtweg nicht entkommen. Erst nach 380.000 Jahren war das Universum so weit abgekühlt, dass sich die Photonen frei mit Lichtgeschwindigkeit ausbreiten konnten und den Weg für Beobachtungen ebneten. Betrachtet man allerdings den schwierigeren Fall von Neutrinos ist es tatsächlich sogar möglich, indirekt noch um einiges näher an den Urknall heranzukommen. Genauer gesagt auf ungefähr eine Sekunde. Davor war das Universum so dicht und heiß, dass auch Neutrinos mit Materie wechselwirkten. An all dem zeigt sich Folgendes: Je näher wir an den Urknall heran wollen, auf umso kürzeren

Zeitskalen und umso kleineren räumlichen Skalen bewegen wir uns. Und genau an diesem Punkt kommt der LHC ins Spiel. Mit diesem Supermikroskop ist es uns möglich Energieskalen zu erreichen, die 10^{16} s nach dem Urknall stattfinden. Obwohl dies nur ein Zehntausendstel einer Millionstel einer Millionstel Sekunde darstellt ist dennoch schon dort unglaublich viel Wichtiges passiert, weswegen dies auch so interessant ist.

Das Interesse am Ursprung des Universums ist nicht nur auf die Experimente am LHC beschränkt. Dies zeigt sich am sogenannten *AMS-Experiment,* dem *Alpha-Magnet-Spektrometer*, das auf der Internationalen Raumstation (ISS) stationiert ist. Dieses Experiment, bestehend aus Teilchendetektoren, welche die kosmische Strahlung analysieren, wird vom CERN aus kontrolliert. Dort werden die Daten schließlich aufgenommen und ausgewertet. An 365 Tagen im Jahr wird das Experiment rund um die Uhr gesteuert und überwacht. Am CERN sind wir daher nicht nur mit Supermikroskopen, wie dem LHC, dem Urknall auf der Spur, sondern auch im Weltall mit AMS auf der Suche nach Indizien für Antimaterie und der Teilchennatur von Dunkler Materie. Dies soll uns noch mehr Aufschluss über die ersten Sekunden nach dem Big Bang geben. Gerade dort findet eine faszinierende Symbiose statt: Auf der einen Seite die kleinen Skalen der Teilchenphysik und auf der anderen die großen Skalen der Astrophysik, Astroteilchenphysik und Kosmologie. Diese beiden großen Teilbereiche stellen nicht ohne Grund in Umfragen unter Physikstudenten immer wieder den Grund dafür dar, warum es sie in die Physik gezogen hat.

Das Standardmodell der Teilchenphysik

Die mikroskopische Teilchenphysik ist natürlich der Teil, mit dem wir uns am CERN hauptsächlich beschäftigen. Im Jahre 1911 erschütterte ein neuseeländischer Physiker mit dem Namen Ernest Rutherford die Welt der Physik, indem er mit seinen berühmten Streuexperimenten an Goldfolien nachwies, dass die Atome (griechisch: *atomos* = unteilbar) eben doch nicht unteilbar sind. Bald war nicht nur klar, dass Atome aus einem Kern und Elektronen bestehen, sondern der Kern wiederum aus Protonen und Neutronen. Auch Protonen und Neutronen lassen sich noch weiter aufteilen, nämlich in Quarks und Gluonen. Die Quarks stellen die heutigen fundamentalen unteilbaren Teilchen im Kern dar. Sie besitzen laut heutigem Stand keine weitere Unterstruktur. Innerhalb von nicht mehr als 50 Jahren entstand dabei das heutige sogenannte Standardmodell der Teilchenphysik, welches mit höchster Präzision alle uns bekannten Eigenschaften der Teilchenphysik vereinigt. Es besagt, dass die fundamentalen Bausteine im Universum Quarks und Leptonen (ein Beispiel für ein Lepton ist das Elektron) sowie die sogenannten Eichbosonen sind, welche die Wechselwirkungskräfte zwischen den verschiedenen Teilchensorten vermitteln. Daraus ergibt sich ein Periodensystem der Teilchenphysik, das aus drei Teilchenfamilien mit jeweils zwei Quarks und zwei Leptonen besteht, angeordnet nach ihrer Masse beziehungsweise dem entsprechenden Energiebereich, und zusätzlich vier Arten von Wechselwirkungsbosonen. Im Vergleich zur Chemie ist das Periodensystem der Teilchenphysik geradezu einfach.

Die Familien der Elementarteilchen

Die Welt der Elementarteilchen kann zunächst in *Fermionen* und *Bosonen* aufgeteilt werden. Dabei besitzen Fermionen einen halbzahligen und Bosonen einen ganzzahligen *Spin*, den intrinsischen Eigendrehimpuls. Sie befolgen unterschiedliche physikalische Gesetze, die in ihrem statistischen Verhalten begründet sind: Der *Fermi-Dirac-* und der *Bose-Einstein-Statistik*. Zu den Fermionen gehören die sogenannten *Leptonen* und die *Quarks*. Hierbei erfolgt die Einteilung von Leptonen und Quarks in *drei unterschiedliche Teilchenfamilien*, wobei sie diesbezüglich aufsteigend nach ihrer Masse geordnet werden. Zu allen fundamentalen Fermionen gibt es einen *Antimateriepartner*, der speziell bei Kollisions- und Zerfallsprozessen wichtig werden kann. Zur ersten Leptonen-Generation gehören das Elektron und das Elektron-Neutrino, zur zweiten das Myon und das Myon-Neutrino und zur dritten das Tauon und das Tau-Neutrino. Die elektrisch ungeladenen *Neutrinos* besitzen dabei laut aktuellem Forschungsstand eine nahezu verschwindende Masse. Zur ersten Quark-Generation gehören das Up- und das Down-Quark, zur zweiten das Charm- und das Strange-Quark und zur dritten das Top- und das Bottom-Quark (Abb. 1.3).

Der Name Quark rührt übrigens aus James Joyce's Roman *Finnegan's Wake* her. Quarks unterstehen im Gegensatz zu den Leptonen der sogenannten starken Wechselwirkung der Atomkerne und werden niemals frei beobachtet, sondern immer in gebundenen *hadronischen Zuständen*, wie dem Proton oder dem Neutron, bestehend aus drei Quarks, oder in exotischeren instabilen *mesonischen Zuständen*, bestehend aus zwei Quarks. Dieses Phänomen nennt sich *Confinement*. Quarks besitzen neben der elektrischen Ladung eine weitere bestimmte Ladungsart, die *Farbladung* getauft wurde und von den *Gluonen* vermittelt wird.

Zusätzlich gibt es noch weitere Austauschbosonen für die anderen Wechselwirkungen. Das *Photon* ist das Austauschteilchen der elektromagnetischen Wechselwirkung, die Z^0-, W^+- und W^--*Bosonen* sind die Austauschteilchen der schwachen Wechselwirkung und die bereits erwähnten Gluonen die Austauschteilchen der starken Wechselwirkung. Eine Sonderstellung nimmt das *Higgs-Teilchen* im Standardmodell ein; es ist das Feldquant des zugehörigen Higgs-Felds.

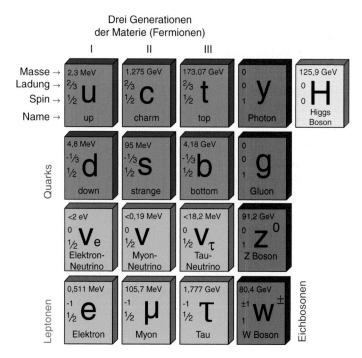

Abb. 1.3 Die fermionischen Elementarteilchenfamilien mit den Wechselwirkungsbosonen und dem Higgs-Boson. (© MissMJ, Cc-by-sa-3.0)

Für uns im Alltag ist aber zunächst die niedrigste der Familien relevant, denn wir alle bestehen nur aus Up-Quarks, Down-Quarks und Elektronen. Alle weiteren Teilchen werden erst bei viel höheren Energien relevant. Die letzten beiden Einträge in das Periodensystem der Teilchenphysik waren im Jahr 1995 das Top-Quark und im Jahr 2000 das Tau-Neutrino. Beide wurden am *Fermilab* (kurz für Fermi

National Accelerator Laboratory) in der Nähe von Chicago zum ersten Mal nachgewiesen.

Das Standardmodell der Teilchenphysik ist mit extrem hoher Präzision bis zu einem Energiebereich von 100 GeV (Gigaelektronenvolt) bestätigt und hat bisher einer großen Vielzahl von Tests standgehalten. Es ist unter anderem gerade die verhältnismäßige Einfachheit des Standardmodells und die gleichzeitige Präzision, die die Faszination an diesem Modell begründen. Dennoch hält es aber genug Schlüsselfragen bereit, um Neues entdecken zu wollen. Dies ist zum Beispiel die berühmte Frage danach, woher die Teilchen ihre Masse bekommen. Dies wiederum ist eng verknüpft mit dem Stichwort der sogenannten elektroschwachen Symmetriebrechung, was zur Vereinigung der Wechselwirkungskräfte führt. Die fundamentalen Wechselwirkungen, die auf mikroskopischen Quantenskalen wirken, die für die Teilchenphysik relevant sind, sind die elektrische Wechselwirkung, die schwache Wechselwirkung und die starke Wechselwirkung. Nun ist es theoretisch naheliegend, bei sehr hohen Energien nach einer Vereinigung dieser Wechselwirkungen zu suchen. Dabei wird angenommen, dass kurz nach dem Urknall bei hohen Energien die Grundkräfte vereinigt waren und erst nach weiterer Ausdehnung und Abkühlung des Universums sich voneinander abspalteten. Eine Vereinigung der elektrischen und der schwachen zur elektroschwachen Wechselwirkung gelang zuerst theoretisch in den 1960er Jahren und wurde in den 1970ern schließlich experimentell bestätigt.

Betrachtet man nun die Kopplungskonstanten der Wechselwirkungen (siehe Abb. 1.4) lassen sich im Standardmodell allerdings nur die elektrische und die schwache Kraft,

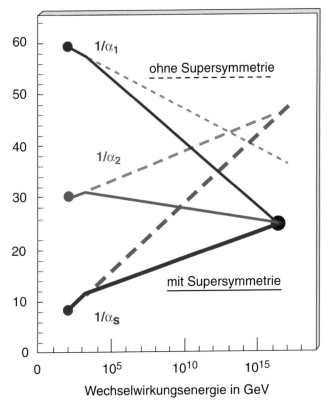

Abb. 1.4 Energieabhängigkeit der Wechselwirkungskonstanten mit und ohne supersymmetrische Theorien, wobei α_1 die elektromagnetische, α_2 die schwache und α_s die starke Wechselwirkung kennzeichnet (© CERN)

nicht aber noch die starke miteinander vereinigen. Dazu benötigt man noch mehr, nämlich die sogenannte *Supersymmetrie*. Die Supersymmetrie postuliert dabei eine weitere fundamentale Symmetrieeigenschaft zwischen Bosonen und Fermionen, was dazu führt, dass es zu jedem Fermion einen bosonischen Partner gibt und umgekehrt.

Wichtige Größen der Teilchenphysik

Im Zusammenhang mit dem LHC und der Teilchenphysik laufen einem immer wieder recht unvertraute physikalische Größen und Einheiten über den Weg. Im Folgenden sollen einige wichtige kurz genannt und erläutert werden. Die Einheit der *Energie* ist aus der Mechanik als Joule (J) bekannt, wird aber in der Elektrizitätslehre und der Teilchenphysik stattdessen in *Elektronenvolt* (eV) gemessen. Die Umrechnung ist dabei sehr einfach: Ersetzt man das kleine e einfach durch die Elementarladung des Elektrons $e = 1,602 \times 10^{-19}$ Coulomb, so erhält man den entsprechenden Energiewert in Joule. An Teilchenbeschleunigern ist in der Regel die sogenannte *Schwerpunktsenergie* von Relevanz, die die Energie darstellt, die im sogenannten Schwerpunktssystem einer Teilchenkollision gemessen wird. Im Falle des LHC ist dies einfach der Ruhepunkt an dem beide Strahlen aufeinander treffen. Die maximale Schwerpunktsenergie des LHC beträgt 14 TeV (Teraelektronenvolt), wobei die Schwerpunktsenergie meist mit $\sqrt{s}$ bezeichnet wird. Die Energie lässt sich mit Einsteins berühmter Formel $E = mc^2$ leicht in eine entsprechende Masse umrechnen, weswegen für die Einheit der Masse $[M] = eV/[c^2]$ gilt. In der Teilchenphysik setzt man des Weiteren die Lichtgeschwindigkeit c der Einfachheit halber meist gleich 1, wodurch man für die Masseneinheit in der Regel auch Elektronenvolt verwendet. Dies ist schlicht und ergreifend Gründen der Praktikabilität geschuldet.

Zwei weitere wichtige Größen sind der sogenannte *Wirkungsquerschnitt* und die *Luminosität*. Der Wirkungsquerschnitt\sigma ma bezeichnet die Wahrscheinlichkeit dafür, dass zwischen zwei Teilchen eine Reaktion stattfindet. Er hat die Dimension einer Fläche und wird in der Teilchenphysik mit Barn (b) bezeichnet. Ein Barn entspricht dabei 10^{-28} m^2 oder 100 fm^2. Anschaulich stellt er wie bei einer Zielscheibe die Trefferfläche des Teilchens dar und macht somit Aussagen über die Wichtigkeit des entsprechenden Streuvorgangs. Das häufig verwendete Äquivalent dazu ist bei Teilchenbeschleunigern die sogenannte Luminosität L. Sie gibt die Kollisionsrate beziehungsweise die Anzahl der Kollisionen pro Fläche und Zeit an. Die *integrierte Luminosität* ist die Luminosität über einen bestimmten Zeitraum und hat die Einheit einer inversen Fläche, ist somit also invers proportional zum Wirkungsquerschnitt.

Des Weiteren wissen wir nicht, warum wir und alles um uns herum aus Materie und nicht aus Antimaterie besteht. Diese Asymmetrie zugunsten von Materie, die sich kurz nach dem Urknall ausbildete, stellt daher ein weiteres großes Mysterium dar, dem wir am CERN nachgehen. Außerdem gibt es noch die Fragen nach der Anzahl der Raum- und Zeitdimensionen und nach der Natur der Dunklen Materie und der Dunklen Energie. Laut dem Standardmodell der Kosmologie macht die normale baryonische Materie, die wir kennen und aus der wir bestehen, nur fünf Prozent des Universums aus (das „sichtbare" Universum). Etwa fünfundzwanzig Prozent des Rests werden von der Dunklen Materie gestellt, welche bisher nur über ihr Gravitationsverhalten nachgewiesen werden konnte. Fünfundsiebzig Prozent, also der Löwenanteil, besteht allerdings aus etwas, was wir noch weniger kennen, geschweige denn verstehen und was wir Dunkle Energie nennen. Diese wiederum hat großen Einfluss auf das bisherige und das zukünftige Expansionsverhalten des Universums und scheint nach aktueller Beobachtungslage das Universum beschleunigt expandieren zu lassen.

All dies kann das Standardmodell nicht erklären, was uns dazu verleitet zu glauben, dass es etwas gibt, was über das Standardmodell der Teilchenphysik hinausgeht. Innerhalb dessen wäre das Standardmodell nur ein niederenergetisches Limit einer umfassenderen Theorie, die auch in der

Lage ist, die 95 % des „dunklen Universums" zu beschreiben. Dabei haben wir gerade 50 Jahre gebraucht, um die uns bekannten fünf Prozent zu erklären oder vielmehr zu beschreiben. Die meisten dieser spannenden und wichtigen Fragen wollen wir am CERN mit dem LHC angehen. Ob sie sich auch endgültig beantworten lassen, steht dabei auf einem anderen Blatt. Alle theoretischen Modelle, die diese Schlüsselfragen zu beantworten versuchen, wie die Supersymmetrie, Theorien mit Extradimensionen, GUT (**G**rand **U**nified **T**heory) Theorien oder auch sogenannte Technicolor-Modelle versprechen jedoch Folgendes: Neue Teilchen im Bereich der TeV (Teraelektronenvolt)-Skala oder knapp darunter zu finden. Und genau das ist der Bereich, in dem der LHC aktiv ist. Trotz des immensen Erfolgs des Standardmodells und der unzähligen damit verbundenen großen Namen und Nobelpreise ist noch nicht gesichert, ob es auf lange Zeit standhalten kann, sollte es neue Teilchenentdeckungen am LHC geben. Die erweiterten theoretischen Modelle würden dann wiederum in den Fokus rücken, weswegen uns die Suche nach Entdeckungen antreibt.

Das CERN und der LHC

Bisher wurden einige Bereiche erwähnt, in denen das CERN abseits des LHC tätig ist: Auf der einen Seite sind dies interdisziplinäre Felder wie Medizin und Wolkenbildung in der Klimaforschung. Auf der anderen Seite sind das Bereiche in der Physik, die nicht beschleunigerbezogen sind, wie der Nachweis dunkler Materieteilchen und die Astroteilchenphysik allgemein mit AMS. Darüber hinaus

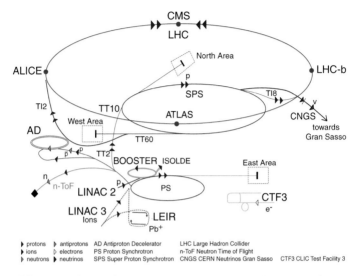

Abb. 1.5 Schema des LHC mitsamt seiner Experimente und Vorbeschleuniger (© CERN)

forschen wir sowohl im Bereich der sogenannten Niederenergiephysik bezüglich Neutrinooszillationen und Antimaterie als auch im Bereich der Hadronenphysik, also der Physik, die sich mit der starken Wechselwirkung der Atomkerne beschäftigt. Diese Teilchenphysikexperimente, die meist nicht mit dem LHC zu tun haben, beschäftigen dabei ungefähr 1000 Physiker an ca. 20 Experimenten. In den letzten Jahren haben wir auf diesen Gebieten etliche Durchbrüche gefeiert und Fortschritte gemacht. Diese Diversifizierung ist wesentlich für ein Institut wie das CERN. Hauptaugenmerk liegt aber auf dem Hochenergiebereich, und dafür benötigen wir den LHC (Abb. 1.5).

Der LHC ist das wohl größte wissenschaftliche Instrument, das je gebaut wurde, mit einem Umfang von 27 km. Im Schnitt liegt er 100 m unter der Erde, wobei er bei dieser Tiefe aus verschiedenen Gründen am kostengünstigsten zu realisieren war. An seinem Bau waren über 10.000 Mitarbeiterinnen und Mitarbeiter beteiligt. 40 Mio. Mal pro Sekunde kollidieren im Innern des Beschleunigers Protonen- beziehungsweise Blei-Ionen-Pakete miteinander. Diese Kollisionen lassen uns die hochenergetischen Bedingungen im frühen Universum simulieren. Die immensen Ausmaße des Projekts werden schnell ersichtlich, wenn man den Beschleunigerkomplex am CERN näher betrachtet: Der LHC ist dabei nur das gigantische Endglied in einer Kette von mehreren Vorbeschleunigern, in denen die Protonen schon einmal auf eine immer höhere Energie gebracht werden.

Zuerst fängt man dabei in einem Linearbeschleuniger, wie in Abb. 5 illustriert, an. Danach geht es weiter ins Proton-Synchrotron (PS), mit dem am CERN vor ungefähr 60 Jahren alles anfing. Nach dem PS kommen die Protonen weiter ins Super-Proton-Synchrotron (SPS), wobei sie auch hier akkumuliert, kollimiert und weiter auf höhere Energien beschleunigt werden. Auch das SPS hat eine berühmte Vergangenheit, denn hier wurden die W- und Z-Eichbosonen entdeckt. Vom SPS geht es dann schließlich für die Protonen und Blei-Ionen in den LHC, wo sie ihre finale Kollisionsenergie erhalten. Außerdem erfüllen die verschiedenen Beschleuniger und Vorbeschleuniger weitergehende Zwecke; an allen Beschleunigern sind weltweit einmalige Experimente installiert.

Beschleunigertypen

Teilchenbeschleuniger kann man in zwei Arten unterteilen: Geradlinige und kreisförmige Beschleuniger.

Ein bekanntes Beispiel für einen geradlinigen Beschleuniger ist der sogenannte *Linearbeschleuniger* (Linac = *linear accelerator*). Ein Linearbeschleuniger hat den großen Vorteil, dass er zum einen technisch einfach umzusetzen ist und zum anderen keine Energieverluste der Teilchen durch die sogenannte *Synchrotronstrahlung* auftreten. Der Nachteil von Linearbeschleunigern ist jedoch, dass sie, um Teilchen auf hohe Energien zu beschleunigen, sehr viele Beschleunigungselemente benötigen, wodurch dies schnell auf sehr große Längen führt. Linearbeschleuniger werden häufig als Vorbeschleuniger von Ringbeschleunigern oder in der medizinischen Strahlentherapie eingesetzt. Der größte Linearbeschleuniger der Welt befindet sich am *SLAC* (**S**tanford **L**inear **A**ccelerator **C**enter) in Kalifornien und hat eine Länge von drei Kilometern.

Im Gegensatz zu Linearbeschleunigern durchlaufen Teilchen in *Ringbeschleunigern* dieselbe Strecke immer wieder. Der erste Ringbeschleuniger war das sogenannte *Zyklotron*. Dieses besteht aus zwei halbkreisförmigen Metallelektroden in einer Vakuumkammer, die durch einen Spalt voneinander getrennt sind. Umschlossen wird die Vakuumkammer von einem großen Elektromagneten mit konstantem Magnetfeld. Die Teilchen werden in einem Zyklotron durch die Lorentzkraft auf spiralförmige Bahnen mit einer bestimmten Umlauffrequenz, die *Zyklotronfrequenz* genannt wird, gezwungen. Zyklotrone finden unter anderem Anwendung in der Strahlentherapie.

Synchrotrone sind ebenfalls Ringbeschleuniger, übertreffen allerdings die mit Zyklotronen erreichbaren Teilchenenergien bei Weitem und sind aus der heutigen Teilchenphysik-Forschungslandschaft bei hohen Energien nicht mehr wegzudenken. Das ringförmige Synchrotron besteht immer abwechselnd aus Strecken mit Ablenkmagneten und geradlinigen Streckenabschnitten, auf denen die Teilchen beschleunigt werden. In Abhängigkeit vom entsprechenden Teilchenimpuls muss dabei das Magnetfeld ständig erhöht werden. Abhängig von der Teilchenart und der damit verbundenen Masse der verwendeten

Teilchen gibt es erhebliche Unterschiede zwischen Synchrotronen, wodurch solche für Elektronen oder Positronen und solche für Protonen und Schwerionen existieren. Synchrotrone wie der LHC am CERN, das DESY bei Hamburg oder das SIS18 am GSI in Darmstadt werden meist für Kollisionsexperimente benutzt, wobei die erreichbare Schwerpunktsenergie zum einen von der Teilchenart, von der magnetischen Flussdichte und zum anderen vom Ringradius abhängt. Somit können Strahlenergien von bis zu 7 TeV am LHC erreicht werden.

Eine besondere Herausforderung stellt auch die Technik dar, die im LHC steckt, insbesondere die der Magnete. Insgesamt werden über 1200 Dipolmagnete benötigt, um die Protonen im LHC auf einer Kreisbahn zu halten (Abb. 1.6).

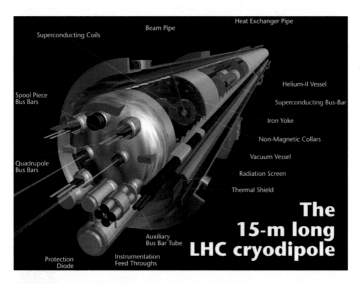

Abb. 1.6 Schematische Darstellung eines supraleitenden LHC-Dipolmagnets mit den beiden durchlaufenden Beampipes der Teilchenstrahlen (© CERN)

Dadurch, dass die Protonen hierbei nahezu Lichtgeschwindigkeit erreichen, benötigt man darüber hinaus eine große magnetische Feldstärke der einzelnen Magnete von über acht Tesla. Im Vergleich dazu liegt ein handelsüblicher Hufeisenmagnet in der Größenordnung von 0,1 T. Um derart hohe Feldstärken zu erreichen, müssen die erzeugenden Spulen der Elektromagnete *supraleitend* sein, wofür für den gesamten Beschleuniger etwa 60 Tonnen flüssiges Helium benötigt werden. Dabei werden die Magnete auf 1,9 K (−271,3 °C) heruntergekühlt – dies ist kälter als die Temperatur im Weltall. Beim Einbau der Magnete ist es besonders wichtig auf den korrekten Anschluss der Vakuum- und der Hochstromverbindungen und der beiden Protonen-Strahlrohre zu achten. Nachdem eine dieser Hochstromverbindungen im Jahr 2008 durchgebrannt war, hatte dies in Verbindung mit den dabei entstandenen Schäden schließlich dazu geführt, dass der LHC 2009 sicherheitshalber nur mit halber Energie gestartet wurde.

Momentan gehen wir mit dem LHC in die sogenannte Shutdown-Phase, wo sämtliche Verbindungen zwischen all diesen Magneten gewartet werden müssen. Dabei werden ungefähr 1000 bis 1500 von ihnen komplett ersetzt und alle 10.000 Verbindungen weiter verstärkt, damit solche Unfälle wie im Jahr 2008 bei Volllast nicht mehr auftreten. Für diese Arbeiten muss immer im Abstand von ungefähr 20 m der gesamte Ring geöffnet werden, was einen enormen Arbeitsaufwand darstellt. Im Jahr 2015 haben wir am CERN nach all diesen aufwändigen Arbeiten dafür allerdings eine nahezu neue Maschine. Man muss sich dabei vor Augen halten, dass man, um die Arbeiten durchführen zu können, den Ring zunächst wieder erwärmen muss, da er ja bis dahin mit flüssigem Helium gekühlt war. Vor Inbetriebnahme muss er wieder auf eben diese Temperatur heruntergekühlt werden. Das dauert jeweils einen ganzen Monat. Dabei wächst beziehungsweise schrumpft der Ring in seiner Länge um insgesamt 80 m. Im Jahr 2010 begann schließlich für uns eine neue Ära der Grundlagenforschung, als wir den LHC auf 7 TeV Schwerpunktsenergie gebracht haben, was der Hälfte der Energie entspricht, für die der Beschleuniger ursprünglich entworfen wurde. 2012 haben wir schließlich auf 8 TeV erhöht, was maßgeblich zur Entdeckung des Higgs-Teilchens beigetragen hat. Dazu aber später mehr.

Supraleitung

Im Zusammenhang mit Teilchenbeschleunigern hört man immer wieder von sogenannten supraleitenden Magneten. Was hat es mit dem Begriff der *Supraleitung* auf sich? Supraleitung bezeichnet die Eigenschaft eines verschwindenden elektrischen Widerstands bei tiefen Temperaturen. Diese Eigenschaft besitzen einige Materialien, die als Supraleiter bezeichnet werden. Einen wichtigen Anwendungsbereich haben Supraleiter bei starken Elektromagneten, da gewöhnliche Magnetfeldspulen aufgrund des elektrischen Widerstands enorme Wärme erzeugen und somit für große Magnetfeldstärken unbrauchbar sind. Sogenannte stabilisierte Supraleiter bestehen aus vielen parallelgeschalteten supraleitenden Fäden und sind von Kupfer umgeben. Das Kupfer in einem solchen Supraleiter nimmt die erzeugte Wärme auf und stabilisiert ihn. Entsprechende supraleitende Spulen finden als Elektromagnete in großer Anzahl Verwendung in Synchrotronen wie dem LHC.

Interessant ist auch, wie wir am LHC genau Teilchen detektieren. Dies geschieht an insgesamt sieben verschiedenen Experimenten, die alle einen unterschiedlichen Zweck erfüllen und an verschiedenen Orten am 27 km langen Ring lokalisiert sind. Die vier großen sind *ATLAS* (*A Toroidal LHC ApparatuS*), *ALICE* (*A Large Ion Collider Experiment*), *CMS* (*Compact-Muon-Solenoid*) und *LHCb* (*Large Hadron Collider beauty*). Die drei kleineren Experimente heißen *TOTEM, MoEDAL und LHCf*. Jetzt könnte man sagen: Ein Experiment muss doch reichen! Dabei darf man aber nicht vergessen, dass man sich, selbst wenn dieselben Teilcheneigenschaften überprüft werden sollen, nie auf nur ein einziges Experiment stützen sollte. Die Ergebnisse müssen auch von anderer Seite gegengeprüft werden können, wofür man verschiedene Experimente benötigt. Dabei sind zwei davon, ATLAS und CMS, sogenannte *omni-purpose*-Experimente, Allzweckexperimente, die alle interessanten Prozesse untersuchen sollen. Das LHCb-Experiment ist im Wesentlichen für die sogenannte schwere Quarkphysik zuständig, also für hadronische Zerfälle, die Quarks aus der zweiten oder dritten Familie enthalten. Dabei versucht das Experiment insbesondere auch Aussagen über die *Materie-Antimaterie-Asymmetrie* zu treffen. Das ALICE-Experiment widmet sich Schwerionenkollisionen, wobei kollidierende Blei-Ionen verwendet werden, und dabei das sogenannte *Quark-Gluon-Plasma* näher unter die Lupe nehmen. ALICE und LHCb haben nun jeweils einen experimentellen Überlapp mit ATLAS und CMS, wodurch diese sich gegenseitig überprüfen können.

Wirft man zum Beispiel einen Blick auf den ATLAS Detektor (Abb. 1.7) fallen zunächst die immensen Ausmaße auf! Das Volumen von ATLAS beträgt ungefähr 20 mal 20 mal 40 m^3. Der Größenvergleich zu einem durchschnittlichen Physiker ist natürlich besonders imposant. Dieses

Abb. 1.7 Innenansicht des ATLAS-Detektors während seiner Konstruktion. Der Größenvergleich mit einem Menschen ist dabei besonders interessant (© CERN)

riesige Volumen ist nun gefüllt mit vielen verschiedenen zwiebelschalenförmig angeordneten Detektorelementen, wobei jede Schale unterschiedliche Teilchen registriert, absorbiert oder durchlässt. Dies erhöht die Sensitivität für verschiedene Teilchenarten erheblich. 150 Mio. Sensoren sind somit in der Lage, Messungen mit höchster Präzision durchzuführen. Dies geht soweit, dass die Ortsgenauigkeit zur Teilchenspurbestimmung dem Durchmesser eines menschlichen Haares entspricht. Diese Leistung zeugt von wirklich unglaublicher Ingenieurskunst.

Kommen wir zu den Fragen zurück, die wir am LHC mit den verschiedenen Experimenten beantworten wollen. Der zentrale Punkt ist, den Urzustand der Materie, diese heiße, dichte Plasma-Ursuppe direkt nach dem Urknall, bevor es

Neutronen und Protonen überhaupt erst geben konnte, genauer zu verstehen. Dieser Frage widmet sich insbesondere das ALICE-Experiment. Darüber hinaus stellen sich folgende Fragen: Haben wir tatsächlich das eine Higgs-Teilchen des Standardmodells gefunden, das wir vermutet haben oder ist es vielleicht doch ein anderes Higgs-Teilchen, das zum Beispiel von supersymmetrischen Theorien postuliert wird? Finden wir Hinweise darauf, warum sich Materie und Antimaterie nach dem Urknall nicht vollständig gegenseitig vernichtet haben? Finden wir Dunkle Materie-Teilchen oder sogar Hinweise auf die Dunkle Energie?

Um nun zu verstehen, wie die Teilchendetektion im Detail genau verläuft, muss man ein paar kleinere Vorüberlegungen anstellen. Kollidierende Teilchen können abhängig von ihren Eigenschaften und ihrer Energie verschiedene Kollisionsprodukte erzeugen. Diese unterschiedlichen Endzustände treten wiederum mit verschiedenen Wahrscheinlichkeiten auf. Das häufigste Maß für ihre Wahrscheinlichkeit ist in der Teilchenphysik der sogenannte Wirkungsquerschnitt. Dieser hat die Einheit einer Fläche, welche mit Barn bezeichnet wird. Ein Barn entspricht dabei 100 Quadratfemtometern. Die meisten dieser Wirkungsquerschnitte reichen von wenigen Milli- bis hinab zu wenigen Femtobarn für sehr seltene Prozesse (Abb. 1.8). Die Erzeugungsrate für „*Neue Physik*" wie die der Higgs-Teilchen liegt theoretisch dabei mehr als zehn Größenordnungen unterhalb dessen, was im Detektor insgesamt erzeugt wird.

Zwei Dinge helfen uns in diesem Fall weiter: Auf der einen Seite eine sehr hohe Schwerpunktsenergie und auf der anderen Seite eine hohe Kollisionsrate. Die Erhöhung der Schwerpunktsenergie erhöht nämlich auch den Wirkungs-

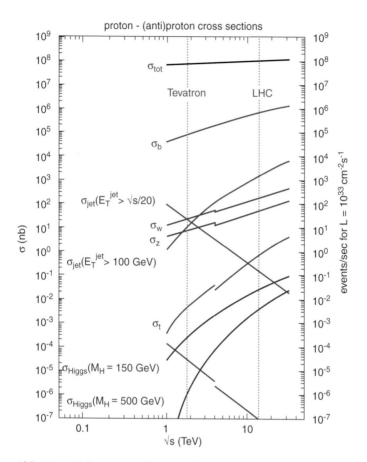

Abb. 1.8 Wirkungsquerschnitte σ für die Erzeugung unterschiedlicher Teilchen. Der jeweilige Index bezeichnet dabei die entsprechende Teilchenart (© CERN)

querschnitt der Prozesse, die für die neue Physik relevant sind. Auf der anderen Seite sorgt die hohe Kollisionsrate für eine größere Datenmenge und daher auch für eine höhere

Detektionswahrscheinlichkeit für Teilchen, die aus Prozessen mit einem geringen Wirkungsquerschnitt und daher auch einer geringen Wahrscheinlichkeit entstehen. Beim LHC ist dies zum einen die maximale Schwerpunktsenergie von 14 TeV, die wir nach dem Shutdown erreichen wollen. Zum anderen ist es aber auch eine hohe Kollisionsrate von 10^{33} bis 10^{34} Teilchen pro Quadratzentimeter und Sekunde, was uns zu einem weiteren wichtigen Begriff aus der Beschleunigerphysik führt: der Luminosität. Aus ihr geht die Menge der Kollisionen zwischen zwei Teilchenstrahlen pro Zeit und Fläche hervor, was der oben genannten Kollisionsrate entspricht. Aus ihr lässt sich wiederum über den Wirkungsquerschnitt die Wahrscheinlichkeit für bestimmte Prozesse bestimmen. Die gesamte Luminosität über einen bestimmten Zeitraum wird dabei als integrierte Luminosität bezeichnet. Die verschiedenen Experimente haben dabei bis jetzt verschiedene integrierte Luminositäten.

Bei CMS und ATLAS bewegen wir uns im Bereich von ungefähr 23 inversen Femtobarn (Abb. 1.9). Zur Veranschaulichung entspricht ein inverses Femtobarn ungefähr 500 Billionen Kollisionen, womit wir uns bei den beiden Experimenten zum jetzigen Zeitpunkt im Bereich von ca. 10 Mrd. Kollisionen bewegen. LHCb und ALICE liegen um einen Faktor 10 beziehungsweise 1000 darunter. Dies liegt daran, dass man für diese Experimente explizit weniger Kollisionen benötigte, dafür jedoch stabilere Rahmenbedingungen. Das Schwierige dabei ist, für diese vier verschiedenen Experimente auch noch die verschiedenen Rahmenbedingungen zu schaffen, was im Detail überraschend nicht-trivial ist. Zur weiteren Veranschaulichung der Luminosität eine weitere kleine Anekdote: Zum Seminar der

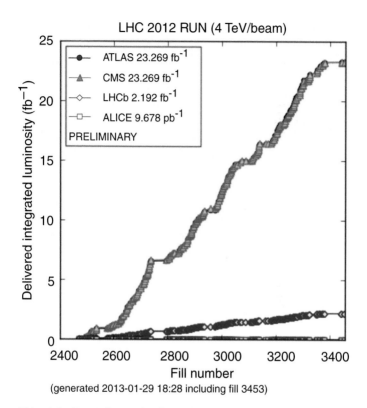

Abb. 1.9 Darstellung der integrierten Luminositäten der verschiedenen LHC Experimente (© CERN)

Higgs-Entdeckung am 4. Juli 2012 am CERN haben wir Daten von insgesamt sechs inversen Femtobarn benutzt. Mittlerweile verfügen wir über die dreifache Menge von damals, was für die weitere Analyse des Higgs-Teilchens von großer Wichtigkeit sein wird.

Was genau passiert bei einer so hohen Luminosität? Die Protonen durchlaufen den Beschleunigerring in Form klei-

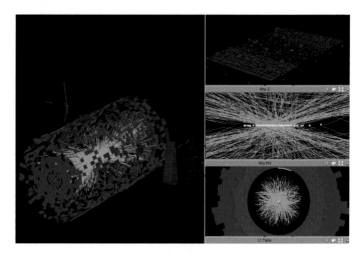

Abb. 1.10 Beispiel für ein CMS-Event, bei dem 78 Vertices mit 2 Myonen rekonstruiert werden konnten (© CERN)

ner Pakete im zeitlichen Abstand von 50 ns; jedes Paket enthält ungefähr 10^{11} Protonen. Am Wechselwirkungspunkt stoßen immer zwei dieser Pakete in gegenläufigen Richtungen zusammen, wobei es zu vielfachen Streuungen zwischen den verschiedenen Protonen kommt. Die Rekordzahl an Einzelkollisionen lieferte ein sogenanntes Event am CMS-Detektor (Abb. 1.10) mit der Rekonstruktion von 78 sogenannten *Vertices*, die die Kollisionspunkte bezeichnen und der Detektion zweier Myonen, die aus einer einzigen Kollision, also einem Vertex entstanden.

Das wirklich Erstaunliche hierbei ist die Qualität der Detektionsauflösung, da die Detektoren vom Design ursprünglich auf 25 Vertices ausgelegt waren. Anfangs haben wir jedoch schon bis zu 35 Vertices rekonstruieren können. Diese hohe Auflösung hat aber auch Nachteile in Form der immensen Datenmengen, die gespeichert werden müssen. Hier kommt das zuvor erwähnte Grid-Computing ins Spiel. Die Experimente sammeln über das Jahr hinweg insgesamt 25 Petabyte an Daten an, was eine riesige Menge an Speicherplatz und Rechnern benötigt. Diese Datenmenge muss man sich erst einmal vor Augen halten: 8 Megabyte ist ungefähr die Größe eines digitalen Fotos, 5 Gigabyte die Größe einer DVD und 1 Terabyte entspricht der jährlichen Weltproduktion an Büchern. 25 Petabyte entsprechen 25.000 Terabyte, was wirklich eine enorme Datenmenge darstellt. Nur mithilfe des Grid-Computings ist die Speicherung und Auswertung dieser Datenmenge überhaupt erst möglich! Dabei sind die 25 Petabyte auch schon vorselektierte Events, die über ausgefeilte *Triggersysteme* ausgewählt werden. Dies entspricht ungefähr 200 „interessanten" Kollisionen pro Sekunde. „Interessant" bedeutet hierbei, dass das Event gewisse Kriterien erfüllt, die zur Überprüfung eines bestimmten Sachverhaltes von Relevanz sind. Dabei hat jedes Kollisionsevent eine Größe von einigen Megabyte.

Aber was passiert mit den Daten solange bis man eine genügend hohe integrierte Luminosität erreicht hat, um nach neuer Physik wie dem Higgs-Teilchen zu suchen? Man begibt sich im Prinzip auf die Reise durch schon bekanntes Territorium: das Standardmodell der Teilchenphysik. Dies ist schon allein deswegen wichtig, um festzustellen, ob die Detektoren bis ins letzte Detail korrekt funktionieren und um sie zu eichen. Dabei gibt es gewisse Meilensteine, die es zu erreichen und zu überprüfen gilt (Abb. 1.11). Dies fängt bei Ereignissen, wie der Erzeugung von W- und Z-Bosonen sowie Top-Quarks an und führt schließlich mit steigender integrierter Luminosität zu immer selteneren

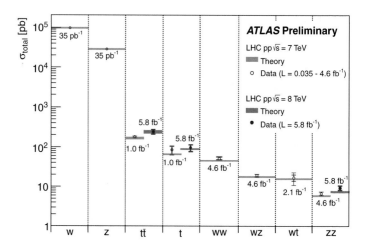

Abb. 1.11 Totale Wirkungsquerschnitte der Produktion unterschiedlicher Elementarteilchen unter Darstellung der theoretischen Werte und der experimentellen Überprüfung durch den LHC (© CERN)

Prozessen. Dies sind zum Beispiel die simultane Erzeugung von zwei Top-Quarks oder die von zwei W-Bosonen, zwei Z-Bosonen oder einer Mischung aus beiden, den WZ-Prozessen. Dies wird so lange gemacht, bis man sich sicher ist, das Standardmodell mit all seinen wichtigen Eckpunkten reproduzieren zu können. Diese Art der Überprüfung ist sehr wichtig. Um zu zeigen, wie eine solche Datenauswertung für die Standardmodellüberprüfung genau aussieht, betrachtet man die entsprechenden Diagramme. Darin werden die verschiedenen Wirkungsquerschnitte für verschiedene Prozesse bei den Schwerpunktsenergien von 7 TeV und 8 TeV am LHC mit der Theorie verglichen. Dabei liegen die Wirkungsquerschnitte bei der Schwerpunktsenergie von 8 TeV wie erwartet über denen für 7 TeV. Es zeigt sich, wie höchst akkurat die Überprüfung mit dem LHC möglich ist.

Ergebnisse, Ergebnisse, Ergebnisse ...

Nachdem die Überprüfung des Standardmodells mehr als geglückt ist, wird es Zeit in neues Territorium vorzudringen. Betrachten wir die Frage zum heißen Urzustand der Materie nach dem Urknall ein wenig näher. Am LHC untersuchen wir diese Frage mit dem ALICE-Detektor, indem wir hochenergetische Blei-Ionen miteinander kollidieren lassen. Dabei versucht man über eine diagrammatische Darstellung der Schwarzkörperstrahlung in Abhängigkeit des sogenannten Transversalimpulses der dabei unmittelbar produzierten Photonen die Temperatur dieser Kollision zu ermitteln (Abb. 1.12). Über einen entsprechenden Fit erhält man dabei eine Temperatur von ungefähr 304 MeV.

In der Teilchenphysik werden die Temperaturen häufig als ihr Energieäquivalent dargestellt, was durch Umrechnung über die thermische Energie ungefähr $3,5 \times 10^{12}\,°C$ entspricht. Dies ist die höchste Temperatur, die je in einem irdischen Labor erzeugt wurde. Des Weiteren kann man das heiße dabei entstandene Quark-Gluon.Plasma mit dem Effekt des sogenannten Jet Quenchings untersuchen. Dabei verlieren die in Blei-Blei Kollisionen erzeugten hochenergetischen Teilchenbündel, auch *Jets* genannt, durch Wechselwirkung mit dem heißen Quark-Gluon-Plasma an Energie. Dieser Effekt tritt vorrangig bei zentralen Kollisionen von schweren Ionen auf und ist daher beispielsweise bei Proton-Blei oder Proton-Proton Kollisionen so gut wie gar nicht

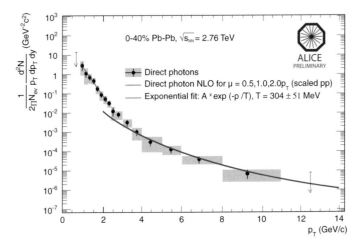

Abb. 1.12 Bestimmung der Temperatur in Teilchenkollisionen von kollidierenden Bleiionen mit dem ALICE-Detektor über statistische Fitprozeduren in Abhängigkeit des Transversalimpulses p_T (© CERN)

vorhanden. Dadurch lässt sich viel über die Eigenschaften des heißen Plasma-Urzustands lernen.

Wie sieht es dagegen mit der dunklen Materie aus? Wir können zwar voraussichtlich keine Antworten auf die Frage liefern, warum es fünf Mal mehr dunkle als sichtbare baryonische Materie im Universum gibt, das ist die Aufgabe der Astrophysik beziehungsweise der Astroteilchenphysik. Was wir aber selbst versuchen können, ist dunkle Materieteilchen zu erzeugen und im vermuteten Energie- beziehungsweise Massebereich zu detektieren und zu untersuchen. Der LHC gibt uns mit seinem Hochenergiebereich die Chance, etwas über den Ursprung und den Aufbau der dunklen Materie herauszufinden. Eine der Theorien, die dabei Vorhersagen über diesen Energiebereich machen und Teilchenkandidaten für die Dunkle Materie liefert, ist die Supersymmetrie. Eine ihrer vielen wunderbaren Facetten ist, dass sie es schafft, Materieteilchen und Kraftteilchen, also Bosonen und Fermionen, zu symmetrisieren. Dies bedeutet, einfach formuliert, dass es zu jedem Kraftteilchen mit Spin eins ein supersymmetrisches Materieteilchen mit Spin einhalb gibt und umgekehrt. Jedes Teilchen hat also einen supersymmetrischen Partner, im Englischen mit *sparticle* bezeichnet. Dies führt dazu, dass sich bei extrem hohen Energien, also im Frühzustand des Universums, auch die starke und die elektroschwache Kraft vereinigen lassen. Dies ist, wie schon erwähnt, im Standardmodell nicht möglich. Eine weitere wichtige Größe, die sich durch die Supersymmetrie ebenfalls vorhersagen lässt, ist der sogenannte Mischungswinkel der elektroschwachen Wechselwirkung, der häufig als Weinbergwinkel bezeichnet wird. Er bestimmt das Verhältnis der Kopplungsstärken der elektrischen und der schwachen Kraft. Der theoretisch von der Supersymmetrie vorhergesagte Wert stimmt dabei sogar exakt mit dem experimentell bestimmten Wert überein. Des Weiteren bildet die Supersymmetrie eine wichtige Grundlage für die Stringtheorie.

Supersymmetrie

Die Supersymmetrie ist eine in den 1970er Jahren postulierte Theorie, die eine fundamentale Symmetrie zwischen den beiden Teilchenarten Bosonen und Fermionen vorhersagt. Die Supersymmetrie wurde ursprünglich formuliert, um unter anderem das sogenannte *Hierarchieproblem* der Teilchenphysik zu lösen, welches zu äußerst großen Quantenkorrekturen der Higgs-Masse bei hohen Energien führt. Dies wiederum führt zum sogenannten *Fine-Tuning-Problem* der Teilchenphysik, was mit Problemen bei der Erklärung der tatsächlich beobachteten Higgs-Masse verknüpft ist. Die Supersymmetrie verhindert diese Problematik durch die Einführung der Umwandlung von Teilchen mit halbzahligem Spin (Fermionen) in Teilchen mit ganzzahligem Spin (Bosonen) und umgekehrt. Die entsprechenden Umwandlungspartner nennt man Superpartner und das entsprechende Teilchen wird als *sTeilchen* (englisch: *sparticle*) bezeichnet. Daher ergeben sich Bezeichnungen wie sElektron, sQuark, usw. Zum einen stellt die Supersymmetrie eine Erweiterung des Standardmodells dar, zum anderen wird sie auch in vielen Arten der Stringtheorie impliziert. Eine weitere Eigenschaft ist die Vereinigung der elektroschwachen und der starken Wechselwirkung, weswegen die Supersymmetrie gerne als Fundament sogenannter großer vereinheitlichter Theorien (GUT=Grand Unified Theory) der vier Grundkräfte (elektrisch, magnetisch, schwach und stark) herangezogen wird. Darüber hinaus ergibt sich eine unmittelbare Erweiterung der Supersymmetrie auf die sogenannte *Supergravitation* unter Hinzunahme zweier neuartiger postulierter Teilchen, des Gravitons und des Gravitinos.

Es existiert eine große Vielzahl von supersymmetrischen Theorien, wobei das sogenannte *Minimal Supersymmetrische Standardmodell* (*MSSM*) den vielversprechendsten und meistuntersuchten Kandidaten der supersymmetrischen Theorien darstellt, da diese Form mit dem Standardmodell am weitesten kompatibel ist. Supersymmetrische Theorien sagen durch ihre fundamentale Symmetrie eine Vielzahl von neuen supersymmetrischen Teilchen voraus, die allerdings allesamt als sehr schwer angenommen werden und im Massenbereich zwischen 100 GeV und 1 TeV oder auch höher liegen. Zum Vergleich: Das Higgs-Boson besitzt eine Masse von ungefähr 125 GeV.

Das leichteste supersymmetrische Teilchen, das sogenannte Neutralino, stellt darüber hinaus einen aussichtsreichen Kandidaten für ein Dunkle-Materie-Teilchen dar, auch *WIMP* genannt (*weakly interacting massive particle*). Die minimale Supersymmetrie postuliert außerdem insgesamt fünf verschiedene Higgs-Bosonen, weswegen am CERN noch erforscht werden muss, ob das entdeckte Higgs-Boson tatsächlich dasjenige des Standardmodells und kein supersymmetrisches ist.

Die Supersymmetrie ist tatsächlich eine Sammlung von sehr vielen verschiedenen Modellen, wodurch in den Medien auch immer wieder von mehreren supersymmetrischen Theorien die Rede ist. In ihrem Grundgerüst sind sie sich allerdings einig. So darf man auch Aussagen wie solche, dass die Supersymmetrie tot ist, nicht allzu ernst nehmen. Das stimmt momentan nur für einige sehr spezielle supersymmetrische Theorien. Für die allgemeineren Modelle gibt es noch viel Spielraum. So postulieren einige dieser Theorien einen vielversprechenden Kandidaten für die dunkle Materie. Es ist das leichteste supersymmetrische Teilchen und es ist vor allem stabil und zerfällt daher nicht. Zwar haben wir bisher noch kein supersymmetrisches Teilchen gefunden, allerdings sind die Hoffnungen groß, dass es 2015 nach dem Shutdown bei höheren Energien soweit sein könnte. Die nächste Herausforderung ist es, dann auch im Labor Erkenntnisse über die dunkle Energie zu gewinnen. Das ist zwar äußerst schwer, aber vielleicht erreichen wir auch schon auf indirektem Wege gute Fortschritte.

Dabei komme ich schon zur nächsten fundamentalen Frage: dem Ursprung der Masse, also dem Higgs-Teilchen. Das Higgs-Teilchen ist ein Teilchen mit Spin null, ein sogenannter Skalar. Das Higgs-Teilchen wäre somit das erste fundamentale skalare Teilchen und daher grundverschieden in seinen Eigenschaften von Materieteilchen mit Spin einhalb und Kraftteilchen mit einem Spin von eins. Dies könnte nun die Brücke zum Verständnis der dunklen Energie schlagen, denn wie das Higgs-Feld ist auch die Dunkle Energie ein *Skalarfeld*, welches das gesamte Universum ausfüllt. Dabei ist das Higgs-Feld zwar nicht dasselbe wie die dunkle Energie, allerdings lassen sich durch die grundsätzliche Untersuchung eines fundamentalen Skalars vielleicht auch Rückschlüsse über die Eigenschaften des anderen Skalarfeldes, der dunklen Energie, ziehen.

Zur Veranschaulichung des Higgs-Teilchens oder präziser des *Brout-Englert-Higgs-Mechanismus* (*BEH-Mechanismus*) stelle man sich zunächst ein Universum ohne BEH-Feld und Higgs-Teilchen vor. In einem solchen Universum bewegen sich alle Teilchen, egal ob Photonen oder Quarks und Elektronen, mit Lichtgeschwindigkeit fort. Somit könnten sich keine Atome und Moleküle, also Materie im Allgemeinen, formen. In einem solchen Universum gäbe es uns gar nicht. Nun betrachtet man stattdessen den Fall eines Universums mit BEH-Feld und dem Higgs-Teilchen. Die Photonen rasen hier immer noch mit Lichtgeschwindigkeit umher. Die Quarks und Elektronen tun das allerdings nicht mehr. Sie interagieren mit dem BEH-Feld und werden dadurch langsamer und träger. Sie erhalten durch das BEH-Feld also ihre Masse und die Bildung von Materie wird überhaupt erst möglich. Das Higgs-Teilchen liefert somit zum ersten Mal eine Erklärung für den Ursprung der Masse von fundamentalen Teilchen und der Entstehung unseres heutigen Universums.

> **Das Higgs-Teilchen**
>
> Das *Higgs-Boson* stellt laut dem *Brout-Englert-Higgs-Mechanismus* ein elektrisch neutrales, skalares Spin-0-Teilchen dar, das aus der quantenmechanischen Anregung des BEH-Felds erzeugt wird. Dieser Vorgang ist das Grundprinzip einer Quantenfeldtheorie, in welcher ein entsprechendes Quantenfeld kontinuierlich den Raum erfüllt und spezielle Anregungen wie bei einer Saite entsprechende Teilchen charakterisieren. Der BEH-Mechanismus liefert nun eine Erklärung dafür, warum nicht alle Eichbosonen wie das Photon und das Gluon masselos sind.

Dies betrifft insbesondere die sogenannten Austauschteilchen der schwachen Wechselwirkung, das W- und das Z-Boson. Diese beiden Bosonen koppeln nun an das BEH-Feld und erhalten dadurch einen massebehafteten Term. Dieses Prinzip lässt sich mathematisch auch auf alle anderen massebehafteten Teilchen wie Elektronen und Quarks übertragen.

Veranschaulichen lässt sich der BEH-Mechanismus z. B. durch das sogenannte „Party-Phänomen": Zunächst stehen alle Partygäste gleichverteilt im Raum. Sobald allerdings ein bekannter Filmstar den Saal betritt, laufen alle Gäste auf den Filmstar zu. Somit bildet sich eine zusätzliche „Masse" um den Filmstar, welche das Vorankommen desselben stark erschwert und womit er sich „schwerer" fühlt. Der Filmstar stellt im Beispiel das Eichboson dar, das die Masse erhält, während die Partygäste das BEH-Feld darstellen.

Wie funktioniert nun phänomenologisch die Erzeugung eines Higgs-Teilchens am LHC? Man betrachtet dabei zwei kollidierende Protonen, die aus Quarks aufgebaut sind und die jeweils wieder von ihrem Higgs-Feld umgeben sind. Mit sehr viel Glück bleibt unmittelbar nach der Kollision der Protonen und ihrer einzelnen Quarks das reine Higgs-Feld mit dem skalaren Higgs-Boson zurück. Dies zerfällt kurz darauf wieder, was in der Theorie auf verschiedene Weise möglich ist, zum Beispiel in zwei hochenergetische Photonen. Diese müssten prinzipiell nur noch detektiert werden, aber genau das ist das große Problem. Zunächst einmal muss man sich den geringen Wirkungsquerschnitt in Erinnerung rufen, der für die Erzeugung von Higgs-Teilchen gilt – im Vergleich zu anderen Prozessen oder dem gesamten Wirkungsquerschnitt aller Prozesse. Der Unterschied hierbei sind ungefähr zehn Größenordnungen. Darüber hinaus gibt es für das Higgs-Teilchen, das nur eine Lebensdauer von ungefähr 10^{-22} s hat, unzählige verschiedene Zerfallska-

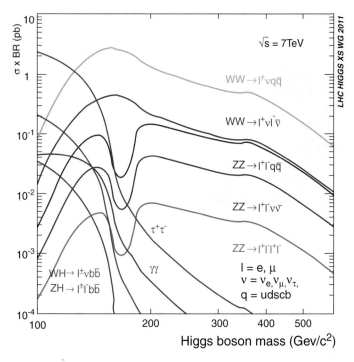

Abb. 1.13 Wirkungsquerschnitte verschiedener Higgs-Zerfallskanäle (© CERN)

näle, deren Zerfallsprodukte wiederum untersucht werden (Abb. 1.13). Diese Wahrscheinlichkeit für die Higgs-Entdeckung wird nicht nur durch den Wirkungsquerschnitt, d. h. die Erzeugungswahrscheinlichkeit, bestimmt, sondern auch noch durch viele verschiedene Zerfallsmöglichkeiten, von denen wir einige spezielle hier untersuchen wollen. Nicht nur ist das Higgs-Teilchen schon sehr selten, es verteilt sich auch noch auf diese unterschiedlichen Zerfallskanäle. Als Analogie stelle man sich das Higgs-Teilchen als

Abb. 1.14   Francois Englert (links) und Peter Higgs (rechts) bei der Verkündung der Higgs-Boson-Ergebnisse am 4. Juli 2012 am CERN (© CERN)

eine Schneeflocke vor. Diese Schneeflocke befindet sich in einem Schneesturm, der wiederum vor einem breiten Schneefeld stattfindet. Man finde nun die Schneeflocke! Wir haben mit dem Higgs-Teilchen somit eine äußerst schwierige Signatur vor einem riesigen Hintergrund. Deswegen gestaltete sich die Suche so mühsam.

Am 4. Juli 2012 war es soweit: Wir konnten im Seminar am CERN die Entdeckung eines Higgs-artigen Teilchens konsistent mit dem Higgs-Boson verkünden. Die beiden noch lebenden Väter des Brout-Englert-Higgs-Mechanismus Peter Higgs und Francois Englert haben sich dort übrigens nach 48 Jahren zum ersten Mal persönlich getroffen, nachdem sie schon 1964 unabhängig voneinander den Mechanismus postuliert hatten (Abb. 1.14).

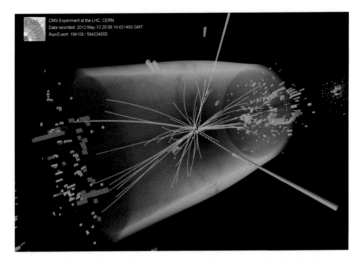

Abb. 1.15 CMS-Event mit zwei Photonen als Higgs-Signatur, die durch die beiden langen grünen Balken visualisiert werden (© CERN)

Am Beispiel des CMS-Detektors kann man sich nun eines der Ereignisse ansehen, bei dem zwei Photonen mit hoher Energie als Higgs-Signatur erzeugt wurden. Dies sind die grünen Balken in Abb. 1.15

Schaut man sich nun die mit dem Signal/Hintergrund-Verhältnis gewichtete Ereigniszahl für diese 2-Photonen-Signatur an (Abb. 1.16), wird die Higgs'sche Schneeflocke besonders deutlich. Sie zeigt sich als kleiner Hügel über der Hintergrundverteilung bei einer Masse von ungefähr 125–126 GeV. Diese Resonanz, die das Higgs-artige Teilchen darstellt, wäre ein Jahr zuvor von der Datenlage ausgehend allerdings noch völlig undenkbar gewesen. Der kleine Hügel war damals noch nicht annähernd sichtbar,

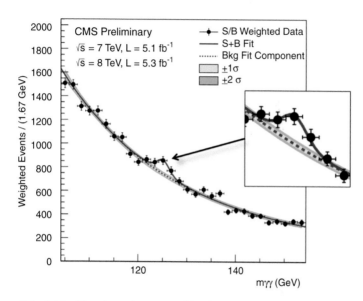

Abb. 1.16 Signal zu Hintergrund (S/B) Verhältnis der Zwei-Photonen-Produktion durch CMS mit der deutlich sichtbaren Higgs-Resonanz (© CERN)

was an der geringen integrierten Luminosität lag. Daran sieht man, dass solche Ergebnisse viel Zeit benötigen und sehr mühsam ausgewertet werden müssen. Indem wir auch noch viele weitere Kanäle, wie zum Beispiel den Zerfall eines Higgs-Teilchen in zwei Z-Bosonen und von da in vier Leptonen, ausgewertet haben und es auch dort im obigen Massenbereich gefunden haben, können wir mit extrem hoher Wahrscheinlichkeit fast im 7-Sigma-Bereich Modelle ausschließen, in denen das gefundene Higgs-Teilchen einen Spin von eins oder zwei hat. Das ist auch der Grund, warum man das Teilchen streng genommen noch Higgs-artig nennen muss. Aber mit ein wenig mehr Datenauswertung und der weiteren Erhöhung des Sigma-Bereichs werden wir das „-artig" wohl bald streichen können. Es ist äußerst faszinierend, dass es nach nur drei Jahren Datennahme möglich war, den Wert der Higgs-Masse so genau einschränken zu können. Momentan beträgt er 125,8 GeV mit einem statistischen Fehler von 0,5 GeV und einem systematischen Fehler von 0,2 GeV.

Der Fehler und das Sigma

Häufig liest man im Zusammenhang mit Messergebnissen in der Physik und natürlich auch in der Teilchenphysik am LHC von Konfidenzbereichen bestimmter Ergebnisse, wobei manchmal der Begriff „fünf Sigma" fällt. Was hat es damit auf sich und was bedeutet dieser griechische Buchstabe eigentlich für die Physiker?

Grundsätzlich stellt das kleine Sigma, σ, die sogenannte *Standardabweichung* dar. Sie ist ein Begriff aus der Statistik und bezeichnet die Streuung einer Variablen um ihren *Mittelwert*. Für Zufallsgrößen, die der *Gauß'schen Normalverteilung* gehorchen, gilt, dass sich 68,3 % aller Messwerte im Intervall von ±σ um den Mittelwert befinden. Schließlich befinden sich 95,4 % im Intervall von ±2σ, 99,7 % im Intervall von ±3σ und schon 99,9999 % im Intervall von ±5σ. Ein sogenanntes 5-Sigma-Ergebnis bedeutet daher, dass die Chance eins zu 3,5 Mio. beträgt, dass das entsprechende Resultat nur eine statistische Schwankung darstellt. In diesen Fällen wird häufig schon von einer Entdeckung gesprochen. Natürlich ist es wichtig zu beachten, dass es sich hierbei um statistische Fehler und nicht um sogenannte systematische Fehler handelt. So kann ein Ergebnis eines Experiments zwar eine Entdeckung suggerieren, dennoch ist es möglich, dass der Experimentator einen systematischen Fehler begangen hat, der die Entdeckung entkräftet. Messfehler setzen sich somit aus zwei verschiedenen Komponenten zusammen: dem *systematischen* und dem *statistischen Fehler*.

Ein Blick in die Zukunft

Die nächste Frage, die sich noch stellen wird ist, ob es das einzige Higgs-Boson ist, wie vom Standardmodell vorhergesagt, das wir nachgewiesen haben, oder nur eines von vielen, wie von einigen supersymmetrischen Theorien postuliert. Es kann allerdings noch einige Jahre dauern, bis wir darauf eine Antwort haben. Durch die Untersuchung der Kopplungsstärke der Materieteilchen an das Higgs-Feld hoffen wir auch mehr Aufschluss über die Natur der Dunklen Materie zu erhalten, genauso wie die Untersuchung eines fundamentalen Skalars mehr Aufschluss über die Dunkle Energie geben könnte. Allein das Higgs-Teilchen könnte uns schon die ersten Fenster ins dunkle Universum öffnen. Wir hoffen, dass sich das Verständnis unseres Universums in den nächsten Jahren mit dem LHC immens erweitern wird. Auch die vielen weiteren Forschungsbereiche, die über das Higgs-Teilchen hinausgehen, werden auf unserer Forschungsagenda bis 2035 dazu beitragen. Das bedeutet, dass wir noch weit über 15 Jahre Forschung am LHC vor uns haben. Das CERN und der LHC sind tatsächlich nicht nur ein europäisches, sondern vielmehr ein globales Projekt. Deswegen ist all dies ein globaler Erfolg mit einer europäischen Duftmarke. Diese Duftmarke, wie ich sie nenne, ist die kontinuierliche, stabile und hochwertige Unterstützung, die wir aus den Mitgliedsländern bekommen und ohne die ein solches Programm über einen so langen Zeitraum nicht möglich gewesen wäre.

Wir hatten ein hervorragendes Jahr 2012, was auch für mich als Generaldirektor wunderschön war. Zusammen mit dem LHC und den beiden Experimenten ATLAS und

CMS, die das Higgs-Teilchen entdeckt haben, wird der 4. Juli 2012 in die Geschichte eingehen. Besonders bemerkenswert ist, wie viel Widerhall die Entdeckung in der allgemeinen Presse bekommen hat. Im Juli 2012 titelte zum Beispiel die Zeitschrift *The Economist*, dass dies ein Riesenschritt für die Wissenschaft sei. Bemerkenswert dabei ist vor allem, dass nicht geschrieben wurde, dass es nur ein Riesenschritt für die Physik ist. Die Entdeckung des Higgs-Bosons ist in der Tat ein Riesenschritt für die Wissenschaft!

2

Stolpersteine – Der mühevolle Weg zum Large Hadron Collider

Dr. Hermann Schunck

Ministerialdirektor a. D. Dr. Dr. h.c. Hermann Schunck studierte Mathematik, Physik sowie Sozial- und Wirtschaftswissenschaften in Freiburg, Kiel und Ann Arbor und promovierte 1966 über ein Thema der Gruppentheorie in der Mathematik. Seit 1973 arbeitete er im Bundesministerium für Forschung und Technologie. Von 1982–1987 leitete er das Wissenschaftsreferat an der Deutschen Botschaft in Tokio, ab 1987 das Referat für Naturwissenschaftliche Grundlagenforschung des BMFT. Hermann Schunck war von 2000–2005 Abteilungsleiter für Forschung, Verkehr und Raumfahrt des Bundesministeriums für Bildung und Forschung und in den Jahren 1999–2005 Vorsitzender der Aufsichtsgremien von 8 Forschungszentren der Helmholtz-Gemeinschaft sowie von 2001–2004 Vizepräsident des CERN-Rats. Von 2004–2007 war er Vorsitzender der internationalen Gründungsausschüsse des XFEL in Hamburg und von FAIR in Darmstadt. Hermann Schunck erhielt 2006 den Ehrendoktor der Universität Dortmund.

Der Bau des LHC mitsamt seiner Vorgeschichte, der Bauentscheidung und schließlich der Bauphase selbst, stellt eine spannende Geschichte dar, die nicht nur unterhaltsam, sondern auch außerordentlich lehrreich ist. Das liegt nicht zuletzt daran, dass es genug Stolpersteine gab: zum einen Pannen und Krisen, zum anderen aber auch manche Fehleinschätzung. Trotzdem wurde es schließlich eine großartige Erfolgsgeschichte.

Das Folgende soll ein persönlicher Erfahrungsbericht aus der Sicht eines ehemaligen Mitglieds des CERN-Rats sein. Dabei liegt es selbstverständlich auf der Hand, dass ein solcher Bericht keinerlei Anspruch auf Vollständigkeit, Absolutheit oder Wissenschaftlichkeit erhebt. Die kritische Auseinandersetzung mit der Entwicklung des LHC kann dazu dienen, wichtige und interessante Lehren für den Bau eines derartigen Großprojekts zu ziehen. Durch regelmäßige Teilnahme an unzähligen Sitzungen des Rates und des Ratskomitees zwischen 1990 und 2005 und als Vizepräsident des CERN-Rates hatte ich die Chance, einige Entwicklungen und Entscheidungen im Bereich der Hochenergiephysik mitzuerleben und gelegentlich auch mitzugestalten. Als Verwaltungsbeamter des Forschungsministeriums mit entsprechendem naturwissenschaftlichem Hintergrund liegt das Hauptaugenmerk in diesem Bericht, wie auch bei der

Arbeit in den CERN-Gremien, auf dem Kommunikations-prozess zwischen Wissenschaft, Politik und Verwaltung. Das CERN ist dafür der ideale Ort: In der Tat sitzen im CERN-Rat nicht nur Wissenschaftler, sondern auch Ver-treter von nationalen Forschungsräten, Beamte aus For-schungsministerien und Diplomaten aus mittlerweile 21 Nationen.

Das CERN

Das CERN, an der schweizerisch-französischen Grenze bei Genf gelegen, stellt eine internationale Organisation dar, die sich mit dem LHC als zentralem Forschungsgerät der Teilchenphysik verschrieben hat. Die vom CERN betriebe-nen Beschleuniger werden dabei von ungefähr 11.000 Gast-wissenschaftlern genutzt, die die entsprechenden Detekto-ren in freiwilliger Kooperation und mit eigenen Ressour-cen bauen und betreiben. Der LHC zusammen mit seinen vier Detektoren ist nicht nur von seiner reinen Größe wie auch von der technischen Komplexität (fast) ohne Beispiel; auch das Zusammenwirken von einigen tausend Wissen-schaftlern ist ein unerhörtes soziales Experiment. Durch ein neues innovatives System verteilten Rechnens, dem soge-nannten Grid-Computing (Worldwide LHC Computing Grid), ist zudem eine weitere organisatorische Schicht um das CERN entstanden. Der LHC ist ein Lieferant gewalti-ger Datenmengen, die nicht sofort, sondern manchmal erst Jahre später ausgewertet werden können. Durch weltweit verteilte Zentren und die Einrichtung von entsprechenden nationalen Analyseeinrichtungen – vor allem in den USA, aber auch in Deutschland – kann die Auswertung in jedem

Labor der Welt mit direktem Zugriff auf die Originaldaten stattfinden.

So bilden das CERN und der LHC ein weltweites Netzwerk mit einer Vielzahl an dezentralen Entscheidungen und Investitionen, die aber letztlich zu einem gemeinsamen Werk zusammengeführt werden – ein eigenartiges und vielleicht einzigartiges System. In der Mitte dieses weltweiten Netzes agieren der CERN-Rat und das CERN-Management. Die Bedeutung ihrer Entscheidungen und ihrer Verantwortung reicht weit über den Standort Genf hinaus. Noch bis vor einem Jahrzehnt gab es teilchenphysikalische Einrichtungen in den USA, Russland, Japan und Deutschland, die alle ihre eigenen Beschleuniger betrieben. Fast überall sind diese Forschungsgeräte mittlerweile abgeschaltet worden oder werden für andere Zwecke verwendet. Es gibt auf der einen Seite vielerorts Pläne für Nachfolgegeräte, auf der anderen Seite jedoch keinerlei Bauentscheidungen. So wurde dem CERN eine besondere Schlüsselrolle zuteil: eine europäische Einrichtung mit einer weltweiten Funktion zu sein. Entsprechend hoch ist die Verantwortung der verschiedenen Entscheidungsträger und Gremien des CERN für diesen Zweig der Physik.

Die Generaldirektoren

Der jeweilige Generaldirektor, gewählt auf fünf Jahre, kann angesichts seiner starken Stellung in der CERN-Satzung, der sogenannten Konvention, den Anspruch erheben, dass er im Zentrum des Geschehens steht. Allerdings wird er auch, wenn er klug ist, bekräftigen, dass er auf die vielen

Abb. 2.1 Verkündung der Higgs-Boson-Entdeckung am 4. Juli 2012 mit vier der letzten fünf Generaldirektoren des CERN (Aymar, Maiani, Schopper, Smith) sowie Projektleiter Evans (© CERN)

tausend Wissenschaftler und Techniker am CERN und auf die Zusammenarbeit mit dem Rat und dem Wissenschaftlichen Rat angewiesen ist. Das Selbstbewusstsein der Wissenschaftsgemeinde am CERN wird allerdings einen Generaldirektor immer nur auf Zeit ertragen.

Der Bau eines Großgerätes wie der des Large Electron Positron Colliders (LEP) oder des LHC erfordert immer wieder den zeitweiligen Aufbau quasi-industrieller Strukturen, um den vorgegebenen Zeit- und Kostenrahmen einzuhalten. Die zeitweilige Orientierung auf eine solche Struktur kann nicht durch Anordnung des Generaldirektors erreicht werden, sondern nur durch Kommunikation, Motivation, Vorbild und schließlich Einsicht. Das CERN als Generaldirektor zu führen, ist daher eine weltweit einzigartige Herausforderung.

In meiner Zeit am CERN habe ich persönlich insgesamt vier Generaldirektoren intensiv erlebt: Von Carlo Rubbia (1989–1993) über Chris Llewellyn Smith (1994–1998) und Luciano Maiani (1999–2003) zu Robert Aymar (2004–2008). Jeder von ihnen ist ein herausragender Wissenschaftler und auch eine starke Persönlichkeit, alle vier haben für das CERN Außerordentliches geleistet (Abb. 2.1).

In der Folge von vier Generaldirektoren, jeder verantwortlich für einen Abschnitt der Planungs- und Baugeschichte des LHC, gibt es jedoch einen ersten und ernsthaften Stolperstein. Natürlich kann eine große internationale Organisation wie das CERN gar nicht anders geführt werden als mit einem regelmäßigen Wechsel an der Spitze. Nur sehr selten kommt es zu einer Verlängerung der Amtszeit des Generaldirektors. Dies bedarf sogenannter „besonderer Umstände" und stellt einen erheblichen Vertrauensbeweis dar, wie bei der Verlängerung der Amtszeit von Herwig Schopper zum Ende der Bauzeit des LEP oder beim derzeitigen Generaldirektor Rolf Heuer. Nach langjähriger Arbeitserfahrung in diesem Umfeld habe ich eines gelernt: Nur wenn es eine herausragende Forscherpersönlichkeit gibt, die sich ein solches Projekt von Beginn bis zum Ende ganz zu eigen macht, besteht eine große Chance, dass die unvermeidbar auftretenden Krisen eines solchen Projektes gemeistert werden können. Der mehrfache Übergang von einem Generaldirektor zum nächsten während der Planungs- und Bauzeit des LHC stellte jedes Mal eine gefährliche Schwelle dar: Zu unterschiedlich waren Temperament und Führungsstil und es gab dabei auch Verschiebungen in den Zielstrukturen. Durch den Wechsel an der Spitze der Organisation kommt es daher immer wieder zu einem Kulturbruch.

Dabei agierte der CERN-Rat bei der Berufung der Generaldirektoren während der Bauzeit des LHC durchaus weise: Llewellyn Smith, Maiani und Aymar waren vor ihrer Wahl jeweils Vorsitzende des Rates, des Wissenschaftlichen Rates oder eines ad-hoc Komitees vom CERN und daher mit dem Labor und dem LHC-Projekt außerordentlich gut vertraut. Aber einen Stolperstein stellte der Wechsel allemal dar. Immerhin gab es eine Schlüsselfigur, die seit 1994 bis zum Betriebsbeginn für den LHC verantwortlich zeichnete: den Projektleiter Lyn Evans. Ich wage die weder beweisbare noch widerlegbare Behauptung, dass ohne ihn der LHC weitaus mehr Krisen erlebt hätte als die, die ich hier ansprechen werde.

Das Budget des CERN

Trotz der unbestrittenen Bedeutung des Forschungsinstituts ist es keineswegs selbstverständlich, dass die Regierungen und Parlamente der Mitgliedsstaaten stets bereit sind, die notwendigen Mittel für eine Organisation wie das CERN und insbesondere für den Bau und Betrieb immer größerer Forschungsgeräte bereitzustellen. Es hat in der Geschichte des CERN immer wieder Krisen gegeben, teilweise ausgelöst durch Mitgliedsstaaten, die mit ihrem „return" unzufrieden waren und gelegentlich mit dem Austritt aus der Organisation gedroht haben. Ich erinnere mich gut an die polemische Frage eines Kollegen im Forschungsministerium: „Welche Nachteile erleidet die Menschheit eigentlich, wenn sie die Existenz des Higgs-Teilchens zehn Jahre später erfährt, als Physiker es sich erträumen?"

Das Budget des CERN (d. h. in diesem Fall die Einnahmen) betrug im Jahr 1990 859 Mio. Schweizer Franken, 2000 waren es 989 Mio. und 2013 1189 Mio. Franken. Ein Schweizer Franke entsprach dabei Ende 2012 etwa 0,82 €. Die verfügbaren Finanzmittel des CERN sind über die letzten 20 Jahre inflationsbereinigt erheblich gesunken. Das ist sicherlich äußerst ärgerlich. Wir werden im Folgenden einige Szenarien streifen, die zu dieser für das CERN schmerzhaften Entwicklung geführt haben. Dennoch bleibt festzuhalten, dass es kaum eine andere wissenschaftliche Disziplin gibt, die über eine Organisation mit einem Budget in dieser Größenordnung verfügt und so immer wieder zu neuen Grenzen vorstoßen kann.

Der größte Teil der Einnahmen des CERN sind die Beiträge der Mitgliedsstaaten. Dazu kommen in unregelmäßiger Folge Sonderleistungen der beiden Sitzländer Schweiz und Frankreich und schließlich – vor allem während der Bauphase des LHC – nicht unerhebliche Beiträge von Nicht-Mitgliedsstaaten. Der jährliche Beitrag zum Haushalt des CERN, der 2013 rund 1200 Mio. Schweizer Franken betrug, wird zwischen den Mitgliedstaaten nicht frei ausgehandelt, sondern nach einer festen Formel berechnet: auf der Grundlage des „Net National Income" (Netto-Volkseinkommen) der Mitgliedsstaaten. Es gibt eine rollierende 5-jährige Finanzplanung, durch die das CERN, jedenfalls im Regelfall, für seine langfristig orientierte Arbeit Planungssicherheit erwarten darf. Trotzdem verlaufen die jährlichen Finanzverhandlungen im CERN-Rat nie ganz reibungslos.

Deutschland ist 2013 mit gut 20% der Beiträge, was etwa 220 Mio. Franken oder 180 Mio. Euro entspricht, an der Finanzierung des CERN beteiligt, gefolgt von Frankreich (16%), Großbritannien (15%) und Italien (12%). Niedrigster Beitragszahler ist Bulgarien mit 0,3%. Der deutsche Anteil an der Finanzierung ist 2013 auf Grund der starken Wirtschaftsleistung gegenüber den Vorjahren wieder um etwa einen Prozentpunkt gestiegen und wird wohl auch weiter steigen.

Im Jahr 2011, als mit dem Betrieb des LHC eine „normale Aufgabenstruktur" vorlag, betrug der Anteil des Personals am Haushalt ca. 49% (612 Mio. Franken) – ein vernünftiger Anteil, wenn sich nicht noch anderswo Personalausgaben verbergen. Denn es ist vor allem in Zeiten stagnierender Mittel außerordentlich wichtig, dass das Budget einer Einrichtung wie dem CERN nicht von den Personalkosten aufgefressen wird, sondern genug Spielraum für den Betrieb der Anlagen und auch für Investitionen lässt – allein die Betriebskosten für den LHC betrugen 2011 und 2012 jeweils über 300 Mio. Franken.

Die Ausgangslage des Projekts

Mein erster halbwegs ernster Kontakt mit dem LHC-Projekt fand im Herbst 1989 statt. Wir durften im Forschungsministerium einen Redebeitrag für unseren Minister Heinz Riesenhuber zur Einweihung des LEP vorbereiten. Carlo Rubbia, der damalige Generaldirektor, beschwor

uns, die Rede unseres Ministers sei doch eine einmalige
Gelegenheit, das nächste Großprojekt des CERN, nämlich
den LHC, anzukündigen. Wir mussten ihn enttäuschen,
denn wir kannten unseren Minister viel zu gut; er liebte
es, Entscheidungen gründlich, mit Liebe zum Detail und
ohne Zeitdruck vorzubereiten. Der Versuch, ihm so eine
Ankündigung einfach unterzujubeln, wäre weder uns noch
dem Projekt gut bekommen.

Carlo Rubbia hat noch häufig versucht, den Mitgliedern
der deutschen Delegation mit persönlichem Nachhilfe-
unterricht auf die Sprünge zu helfen. Er war ein tempera-
mentvoller und zeitweilig unermüdlicher Werber für den
LHC; aber er war viel zu ideenreich und gelegentlich auch
sprunghaft, um sich dauerhaft allein für ein Projekt zu engagieren. Im letzten Jahr seiner Amtszeit als Generaldirektor
überließ er die Überzeugungsarbeit gegenüber Wissenschaft
wie Politik zunehmend seinem bereits gewählten Nachfolger Chris Llewellyn Smith. Vielleicht war dies auch ein wenig Ausdruck einer Enttäuschung, dass seine Amtszeit nicht
verlängert wurde. Verständlicherweise hätte er wohl gerne
den Beschluss zum Bau des LHC in seiner Amtszeit erlebt,
statt ihn seinem Nachfolger Llewellyn Smith überlassen zu
müssen.

Bereits während des Baus des Vorgängerprojektes LEP
gab es detaillierte Studien über ein neues Projekt am
CERN. Die Überlegungen konzentrierten sich rasch auf
die Nutzung des für den LEP gebauten Tunnels, und zwar
für einen Proton-Proton-Beschleuniger mit einer Kollisionsenergie von 14 TeV. Bereits seit 1984 wurden mehrere
Workshops organisiert, die Vorarbeiten für den LHC an-
stießen. Insbesondere wurde die technische Realisierbarkeit

des Beschleunigerkonzepts mit supraleitenden Magneten und supraleitenden Hohlraumresonatoren, sogenannten Kavitäten, untersucht.

Das CERN nahm bei der Planung des LHC die Konkurrenz zu dem in den USA ab 1991 im Bau befindlichen Superconducting Supercollider (SSC) mit einem erheblich größeren Umfang und entsprechend höherer Kollisionsenergie von 40 TeV bewusst in Kauf – „Luminosität schlägt Energie" war das Motto von Carlo Rubbia. Die Konkurrenz zwischen diesen beiden Projekten hätte das kleinere Projekt, den LHC, leicht zum Stolpern bringen können. Erst als das SSC-Projekt 1993 politisch scheiterte, war klar, dass ein CERN-Projekt wie der LHC einzigartige Entdeckungschancen haben würde, insbesondere die damaligen Leerstellen des Standardmodells der Teilchenphysik auszufüllen: das Top-Quark und das Higgs-Teilchen, aber auch die Suche nach supersymmetrischen Teilchen oder dem Quark-Gluon-Plasma. Das mag im Nachhinein, vor allem nach der spektakulären Entdeckung des Higgs, fast selbstverständlich sein. Ich erinnere mich aber durchaus an Investitionen auf Grund von seinerzeit eigentlich völlig klaren Prognosen, die dann nicht eintraten. Wir haben dabei also auch Glück gehabt, aus wissenschaftlicher Sicht ebenso wie aus der des CERN-Rats.

Auf dem Weg zu einer endgültigen Entscheidung für den Bau des LHC gab es verschiedene Meilensteine und wiederum eben auch Stolpersteine. Ende des Jahres 1991 erklärte der CERN-Rat „that the LHC is the right machine for the advance of the subject and for the future of CERN". Der Generaldirektor wurde beauftragt, innerhalb von zwei Jahren Entscheidungsunterlagen für einen endgültigen Be-

schluss zu erarbeiten. Es gab eine erste zusammenfassen-
de technische Beschreibung des Projektes (das sogenannte
„Pink Book" von 1990/1991). Man hoffte dabei auf eine
Aufnahme des wissenschaftlichen Betriebes um die Jahre
1999 und 2000. Generaldirektor Rubbia ging von Bau-
kosten von insgesamt 2 Mrd. Schweizer Franken aus. Etwa
20 % dieser Summe sollten durch zusätzliche Beiträge von
Nicht-Mitgliedsstaaten aufgebracht werden. Ein endgülti-
ger sogenannter „technical design report" des LHC wurde
erst im Herbst 1995 verabschiedet – eigentlich eine zwingende Voraussetzung einer Bauentscheidung für ein Gerät
wie den LHC. Erst 1998 war ein vollständiger sogenannter
„test-string" endgültig aufgebaut und betrieben worden,
der die kleinste Einheit von Komponenten und Systemen
darstellt, aus denen der Beschleuniger modular zusammen-
gesetzt werden sollte. Carlo Rubbia hatte mehrfach versi-
chert, er werde den Rat erst um Zustimmung zum Bau des
LHC bitten, wenn der test-string die Machbarkeit des technischen Konzeptes endgültig demonstriert hätte.

Tatsächlich gab der CERN-Rat bereits deutlich vorher,
Ende 1994, grundsätzlich grünes Licht für den Bau des
LHC. Mit diesem Ratsbeschluss wurde der LHC in das
sogenannte Basisprogramm des CERN aufgenommen. Die
Haltung der deutschen Delegation war dabei etwas zöger-
lich und vor allem daran interessiert, die eigenen Beiträge
zu beschränken und einen Abstimmungsmodus einzufüh-
ren, der es schwer machen sollte, Deutschland im Rat zu
überstimmen.

Die Grundlagen für den Baubeschluss waren keineswegs
sicher und eindeutig; Direktion und Rat gingen bewusst
ein hohes Risiko ein – „planning for success" nannte man

das damals. Die ursprüngliche Kostenschätzung lag bei 2,4 Mrd. Franken (Stand 1993, ohne interne Personalkosten). 1994 war aus finanziellen Gründen vorgesehen, den LHC in zwei Stufen zu bauen: zuerst mit einer Kollisionsenergie von 10 TeV bis 2004 (nach dem sogenannten „missing magnet"-Konzept: jeder dritte Dipolmagnet sollte zunächst nicht in den Ring eingebaut werden), ab 2008 dann mit der endgültigen Schwerpunktsenergie von 14 TeV.

Das politische Umfeld – Rabatt für Deutschland

Das politische Umfeld einer weitreichenden Entscheidung für ein neues Großgerät am CERN war nicht sonderlich günstig. Es gab Probleme, die vor allem von Deutschland (und auch von Großbritannien) ausgingen – daran gibt es nichts zu beschönigen. Ausgelöst wurden diese Probleme durch das erfreulichste Ereignis der jüngeren deutschen Geschichte, der Wiedervereinigung. Damals herrschte in Deutschland ein großer Optimismus vor. Man feierte, die historische Chance ergriffen zu haben, während die durch den Zusammenschluss so ungleicher Teile Deutschlands verursachten Kosten zunächst einfach ignoriert wurden.

So war es auch mit dem deutschen Beitrag am CERN. Die deutsche Delegation im CERN-Rat glaubte zunächst, den durch die Wiedervereinigung erhöhten Beitrag leicht aufbringen zu können. Deutschlands rechnerischer Anteil war jedoch von 22 % im Jahr 1990 auf knapp 24 % 1993 und dann ab 1994 auf mehr als 25 % gestiegen. Es zeigte

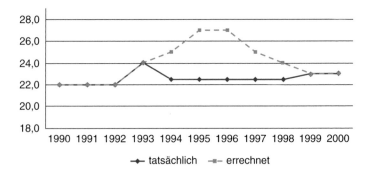

Abb. 2.2 Errechnete und tatsächliche deutsche Beitragsanteile für das CERN in Prozent des Nettovolkseinkommens der Mitgliedsstaaten in den Jahren 1990 bis 2000

sich spätestens bei der Aufstellung des Bundeshaushaltes 1993, dass die Spitze des damaligen Bundesministeriums für Forschung und Technologie (BMFT) weder bereit noch in der Lage war, einen drastisch gestiegenen deutschen CERN-Beitrag zu akzeptieren. So blieb nur, im CERN-Rat um Verständnis für die besondere Situation Deutschlands zu werben und zu erreichen, dass der deutsche Beitrag in etwa im Bereich des Beitrages vor der Vereinigung blieb. Die Wiedervereinigung Deutschlands wurde so zu einem ganz dicken Stolperstein für das LHC-Projekt (Abb. 2.2).

Zur Sitzung des CERN-Rates im Dezember 1992 bat die deutsche Delegation förmlich um eine Reduzierung ihres Beitrages, gemeinsam mit Großbritannien, das unter einem schwächelnden Pfund litt. Der ursprüngliche Vorschlag der deutschen Delegation war, die Obergrenze eines Beitrages generell von 25 % auf 20 % zu reduzieren.

Nach längeren Diskussionen in den CERN-Gremien wurde das CERN-Budget für 1993 gegenüber dem

Voranschlag um 15 Mio. Franken gekürzt. Für den deutschen Beitrag wurde darüber hinaus für die Jahre 1994 bis 1998 eine Begrenzung auf 22,5 % vereinbart. Der deutsche Beitrag wurde so in diesen Jahren auf etwa 190 Mio. Franken jährlich begrenzt – das entsprach in etwa dem Stand von 1990. Die deutsche Zustimmung zum Bau des LHC war nicht nur an diese Bestätigung der Beitragsbegrenzung für Deutschland gebunden, sondern auch an eine harte Begrenzung der Beiträge insgesamt sowie an substanzielle zusätzliche Leistungen der beiden Sitzstaaten Schweiz und Frankreich, was in der Summe etwa 200 Mio. Franken entsprach.

Mit einigen technischen Nebenabreden kostete diese Vereinbarung das CERN gegenüber den vorherigen Planungen schließlich rund 200 Mio. Franken. Nur der Vollständigkeit halber sei noch erwähnt, dass auch einige andere Länder damals wirtschaftliche und fiskalische Probleme hatten. Entsprechend wurden die Beiträge von Griechenland, Spanien und Portugal vom Rat reduziert.

Aber es kam noch schlimmer. 1996 beschloss der Rat, den LHC endgültig in einer einzigen Stufe zu bauen. Auf strikte Weisung der politischen Leitung des BMFT forderte die deutsche Delegation bei dieser Gelegenheit erneut eine Reduzierung des deutschen Beitrages. Die übrigen Mitgliedsländer waren allerdings nicht bereit, Deutschland über die vorher vereinbarten fünf Jahre hinaus weitere Sonderkonditionen zu gewähren. Da auch einige andere Mitgliedsländer Probleme mit der Höhe ihrer Beiträge hatten, kam es zu einer generellen Kürzung der Beiträge, 1997 um zunächst ca. 8 % und schließlich ab 2001 um ca. 9 %. Insgesamt bedeutete dies für das CERN einen weiteren Verlust von Einnahmen in Höhe von rund 700 Mio. Franken.

Dieser Stolperstein, eigentlich schon ein Fels, wurde schließlich überwunden, indem der Rat 1996 zum Ausgleich dieser Kürzungen unter anderem der Aufnahme von Krediten zur Zwischenfinanzierung des LHC zustimmte. Ohne diese Lockerung der Finanzierungsbedingungen, die einigen Mitgliedstaaten (auch Deutschland) angesichts eigentlich klarer Bestimmungen im nationalen Haushaltsrecht durchaus Probleme bereitete, hätte das Projekt leicht an die Wand fahren können. Übrigens ist die Vorgehensweise der deutschen Delegation später tatsächlich durch den Bundesrechnungshof gerügt worden.

Rhetorisch wurde diese Absenkung des CERN-Budgets mit viel Krokodilstränen, doch nicht ganz zu Unrecht, Deutschland angelastet („German rebate"); hatten sich doch bei dieser Gelegenheit alle Mitgliedsländer einen ordentlichen Rabatt genehmigt und einige sich dabei geschickt hinter der deutschen Delegation versteckt.

Die schlussendliche Einigung und damit der endgültige Baubeschluss für den LHC wurde nach Ende der Ratssitzung mit einem großen Bankett in festlicher Stimmung im Traditionshotel "Beau Rivage" am Genfer Seeufer gefeiert – Kostenbewusstsein, und sei es auch nur symbolisch, war damals noch nicht gerade die Sache des CERN. Für uns Deutsche war das Fest in mehrerer Hinsicht merkwürdig: Kurz vorher erst war dort ein deutscher Ministerpräsident tot aufgefunden worden.

Der Start des Projekts

Zeitgeschichtliche Ereignisse wie die deutsche Wiedervereinigung, das Drängen verschiedener Delegationen nach einer Absenkung des eigenen Beitrags oder gleich des ganzen CERN-Budgets bargen also mehrere Gefahren. Das Projekt hätte scheitern können. Die Finanzierung eines neuen Großgerätes am CERN war ernsthaft gefährdet, zumal die Organisation noch mit Altschulden belastet war, die aus der Zeit des Baus und schließlich des Upgrades des LEP stammten.

Die Finanzierung des Projekts wies 1994 gegenüber der Kostenschätzung eine Lücke von rund 500 Mio. Schweizer Franken auf. Es war die bewundernswerte Leistung des neuen Generaldirektors Chris Llewellyn Smith, trotzdem einen Weg zu finden und ihn mit großem diplomatischem Geschick auch zu gehen. Die Lösung des Problems bestand im Wesentlichen aus zwei Elementen: einem zunächst (1994 beschlossenen) stufenweisen Bau des LHC sowie dem Einwerben von Beiträgen von Nicht-Mitgliedsstaaten. 1994 wurde noch als eine letzte theoretische Rückfallposition der Verzicht auf einen der beiden Universaldetektoren diskutiert – eine Maßnahme, mit der die weltweite Hochenergie-Community sich wohl nur im äußersten Notfall abgefunden hätte.

Generaldirektor Llewellyn Smith befand sich vor einer eigentlich unlösbaren Aufgabe: Ein Baubeschluss war angesichts der Finanzierungslücke nur unter Einschluss von Beiträgen von Nicht-Mitgliedsstaaten möglich. Beiträge von Nicht-Mitgliedsstaaten konnten aber nur mit einer klaren Perspektive für das Projekt eingeworben werden. Llewellyn

Smith entwickelte lebhafte diplomatische Aktivitäten, um dieses Ziel dann tatsächlich auch zu erreichen.

Nach dem Einwerben von ausreichenden Beiträgen aus Nicht-Mitgliedsstaaten konnte der Rat deshalb 1996 beschließen, den LHC in einer einzigen Stufe zu bauen. Von nun an war die Inbetriebnahme für 2005 geplant. Die Kosten wurden mit 2,6 Mrd. Franken angegeben. Es bestand endlich Klarheit und die Mannschaft war motiviert. Endgültige Pläne konnten ausgearbeitet werden.

Der tatsächliche Baubeginn des LHC war schließlich im Jahr 1998, nachdem die notwendigen Genehmigungen der französischen und schweizerischen Behörden vorlagen. Umfangreiche Erdarbeiten begannen 1998, Industriearbeiten 1999. Die ersten ausländischen sogenannten „in-kind" Beiträge (Sachleistungen) wurden 1999 aus Russland und 2000 aus den USA angeliefert. Ende 2000 wurde auch der Betrieb des Vorgängerprojektes LEP beendet; der Tunnel stand damit für den Aufbau des LHC zur Verfügung. Die Serienfertigung der rund 1300 supraleitenden Dipolmagnete wurde 2001 bei drei europäischen Unternehmen aufgenommen.

Im Jahr 2001 war die Inbetriebnahme mit ersten Kollisionen von Protonen für 2006 vorgesehen. Das Projekt begann langsam Fahrt aufzunehmen. Alles schien nun einen guten Lauf zu nehmen, die Sorgen und Wünsche der Mitgliedsstaaten waren berücksichtigt, die Klippen zeitgeschichtlicher Ereignisse umschifft.

Die Krise

Eigentlich durfte es trotzdem keine Überraschung sein, dass das LHC-Projekt in eine Krise geriet, noch bevor es richtig an Fahrt aufgenommen hatte. Schließlich war es eines der größten und komplexesten technischen Projekte, an das sich die menschliche Ingenieurskunst je gewagt hatte. Und doch wirkte es dann wie ein Donnerschlag, als im Herbst 2001 der Generaldirektor Luciano Maiani offenlegen musste, dass die aktuelle Kostenschätzung um 18 % gestiegen war.

Es begann zunächst mit einem leichten Grummeln. Bereits im Frühjahr 2001 berichtete der Flurfunk des CERN, dass es erhebliche Kostenprobleme gäbe. In der Juni-Sitzung des Rates kam dies allerdings nur kurz zur Sprache. Maiani antwortete auf die Frage, ob es tatsächlich, wie man höre, Probleme gebe: „I do not comment rumors". Ein Dementi war das nicht, wohl eher ein Versuch, Zeit zu gewinnen.

In der Herbstsitzung 2001 des Ratskomitees berichtete Maiani dann von ernsten Kostenproblemen und nannte als Ergebnis einer Untersuchung der internen Rechnungsprüfung einen Anstieg der aktuellen Schätzung der Kosten bis zur Vollendung des Projekts um 18 % von 2593 Mio. auf 3068 Mio. Franken mit einen Fehlbetrag von rund 475 Mio. Schließlich wurden noch Gewerke mit Kosten von rund 240 Mio. Franken identifiziert, die bislang nicht etatisiert waren. Zusätzlich hatte eine gleichzeitige Überprüfung der Kostenschätzungen der vier Detektoren des LHC auch dort eine Lücke von ca. 360 Mio. Franken ergeben. Auch wenn dieses Risiko nicht vollständig bzw. nicht unmittelbar zu Lasten des CERN (wohl aber der am LHC

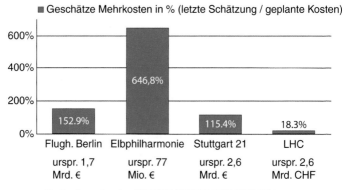

Quellen: Generalanzeiger 02.02.2013 / SZ 06.02.2013/ CERN 2444

Abb. 2.3 Mehrkosten verschiedener Großprojekte

beteiligten Länder) ging, waren in dem Gesamtprojekt doch insgesamt Zusatzkosten in der Größenordnung eines guten Jahresbudgets des Forschungszentrums aufgelaufen – eine gewaltige Summe.

Einen Lösungs- bzw. Finanzierungsvorschlag legte der Generaldirektor nicht vor. Zufall oder nicht, der Fehlbetrag entsprach ziemlich genau den Absenkungen der Mitgliedsbeiträge in den Vorjahren. Eine Kostenüberschreitung von 18 % mag uns heute gering erscheinen angesichts des medialen Desasters des Stuttgarter Hauptbahnhofs, des Flughafens Berlin-Brandenburg, der Elbphilharmonie in Hamburg oder des World Conference Center in Bonn (Abb. 2.3). Aber dem CERN und dem LHC drohte damals der GAU, ein Scheitern des Projekts.

Man kann über die Motive der Vorgehensweise des Generaldirektors nur spekulieren. Vielleicht wollte er mit einer dramatischen Inszenierung erreichen, dass die

Mitgliedsstaaten die vorherigen Absenkungen des Budgets rückgängig machen und so das CERN von dem Kostendruck befreien würden. Sollte dies so gewesen sein, hatte er sich gründlich verrechnet. Der CERN-Rat forderte das Management vielmehr auf, einen Vorschlag zur Vollendung des LHC ohne zusätzliche Beiträge vorzulegen.

Allerdings war Luciano Maiani persönlich nicht ganz unbeteiligt an dem entstandenen Finanzierungsloch. Sein Vorgänger hatte ihm schriftlich eine eindringliche Mahnung hinterlassen, das CERN nicht mit einem neuen Projekt zu belasten. Die finanzielle Situation des CERN und des LHC sei einfach zu angespannt. Maiani entschied bei seinem Amtsantritt anders und schlug als neues Projekt einen Neutrinostrahl zum italienischen Gran Sasso Labor vor. Dies war physikalisch äußerst spannend – da mochte sich schließlich der Rat in der Dezembersitzung 1999 nicht verweigern; der eine oder andere Delegierte vielleicht mit einem schlechten Gewissen. Die Gesamtkosten, inklusive der internen Personalkosten, waren mit rund 100 Mio. Franken veranschlagt.

Die Empörung der Delegationen im Herbst 2001 über das Finanzloch und seine Höhe war durchweg groß, mehr noch über den Kommunikationsstil des Generaldirektors als über das Kosten- bzw. Finanzierungsproblem selbst. Gewichtige Delegationen stellten in ihren ersten Reaktionen am Rande der Sitzung die Frage nach einer persönlichen Konsequenz des Generaldirektors. Mir erschien dies einerseits durchaus plausibel, allerdings hätte andererseits nach meiner Einschätzung eine Diskussion im Rat darüber wenig zur Lösung des Problems beigetragen, die Situation vielmehr noch weiter verschärft. Schließlich ist der CERN-

Rat weder ein nationales Parlament, das mit einem Misstrauensvotum einen neuen Regierungschef einsetzt, noch der Aufsichtsrat eines Unternehmens, der in einer Notsituation umgehend einen neuen Firmenchef beruft. In einer internationalen Organisation wie dem CERN gelten andere Spielregeln, die zu einer langen Phase der Unsicherheit geführt hätten. Ich hielt es damals für erfolgversprechender, den Generaldirektor mit seinen Kenntnissen und auch mit seinem Ehrgeiz zu verpflichten, für das entstandene Problem gemeinsam eine Lösung zu suchen und durchzusetzen. Wenig später sagte ich ihm, dass ich, wie manch anderer auch, zwar ziemlich sauer sei, aber hoffe, dass er die Chance zum Wohl des CERN nutzen werde, den LHC wieder in die Spur zu bekommen. Luciano Maiani hat diese Erwartung nicht enttäuscht.

Das Aymar-Komitee

In der Dezembersitzung des CERN-Rates im Jahr 2001 wurde dann – förmlich auf Vorschlag des Generaldirektors – ein sogenanntes External Review Committee (ERC) unter Vorsitz des Franzosen Robert Aymar eingesetzt, eines außerordentlich erfahrenen Forschungsmanagers, den ich aus gemeinsamer Arbeit im Lenkungsausschuss eines anderen europäischen Forschungsinstitutes gut kannte. Er war ein verlässlicher Mann der Tat, nicht nur des Wortes. Später setzte ich mich als Mitglied der Findungskommission für ihn als nächsten Generaldirektor des CERN ein. Als deutsches Mitglied des ERC hatten wir Sigurd Lettow vorgeschlagen, damals kaufmännisches Vorstandsmitglied des Forschungszentrums Karlsruhe. Er machte seine Arbeit in der Kommission so überzeugend, dass Aymar ihn später im Jahr 2007 als Verwaltungschef in das Direktorium des CERN berief.

Der Bericht des ERC, vorgelegt in der Sommersitzung 2002 des Rates, war in der Diagnose gründlich und umfassend und lieferte klare Handlungsempfehlungen, die dann im Verlauf der weiteren Beratungen auch weitgehend umgesetzt wurden. Das CERN – Direktion wie Rat – demonstrierte mit der Einsetzung des ERC und der Umsetzung seiner Empfehlungen, dass das CERN letztendlich zu angemessenen Reaktionen auf die Krise fähig war.

Die erste und eigentlich beruhigende Feststellung des ERC war, dass die technische Basis des Projekts solide und das technische Management effektiv sei. Von den Kostenüberschreitungen fiele nur der kleinere Teil auf die eigentlich technisch anspruchsvollsten Systeme: die supraleitenden Magnete und die Kältetechnik. Das war zunächst einmal ein Lob für das LHC-Team mit seinem Projektleiter Lyn Evans.

Die nächsten Feststellungen des ERC waren weniger erfreulich, sie liefen im Wesentlichen darauf hinaus, dass das CERN sich mit seiner Organisation und Ressourcenpolitik nicht hinreichend auf den Bau des LHC eingestellt hatte. Zunächst einmal wurde eine unzureichende Konzentration des CERN-Managements und -Personals auf das LHC-Projekt als Kernaufgabe des Labors bemängelt. Die Organisation des CERN mit einer Matrixstruktur mache klare Verantwortlichkeiten für die einzelnen Gewerke des LHC unmöglich. Es fehle weiter eine Kostenkontrolle sowie ein Risikomanagement und eine angemessene finanzielle Risikovorsorge.

Darüber hinaus sei der vorgesehene Fertigstellungstermin ehrgeizig und mit hohen Risiken verbunden.

Das ERC legte eine eigene Kostenschätzung vor, unter Einschluss bislang fehlender oder anderweitig verbuchter Projektteile, insbesondere auch der internen wie externen Personalkosten, und unter Berücksichtigung einer gewissen Risikovorsorge. Das Ergebnis belief sich auf stolze 4,6 Mrd. Schweizer Franken (Stand 2002).

Das ERC bemängelte, dass die Basis früherer Kostenschätzungen für den LHC unvollständig war: „The 1996 estimate does not account for the full cost of the LHC project". So war, um ein Beispiel zu nennen, 1994 ein wichtiges Element bewusst ausgeklammert worden, ohne dass man den Rat davon in Kenntnis gesetzt hätte (oder jemand wie ich es gemerkt hätte), nämlich die überaus ehrgeizige Informationstechnik zur Auswertung der Experimente. Tatsächlich wurde diese später im Jahr 2001 als gesondertes Projekt (das sogenannte Grid Computing) aufgesetzt, für das eine zusätzliche Finanzierung gefunden werden musste, von Seiten der Mitgliedsstaaten wie von der EU. Die Kosten für das Worldwide LHC Computing Grid wurden mit 120 Mio. Franken angesetzt, tatsächlich wurden vom CERN insgesamt 179 Mio. aufgewandt.

Für eine Reform der Organisationsstruktur des CERN schlug das Aymar-Komitee zwei alternative Modelle vor: ein „Vorstandsmodell" und ein „Geschäftsführungsmodell". Robert Aymar hat später in seiner Zeit als neuer Generaldirektor das sogenannte Vorstandmodell mit lediglich drei und später vier Direktoren umgesetzt – eine deutliche Verschlankung gegenüber seinem Vorgänger, der ein sechsköpfiges Direktorat berufen hatte.

Schließlich möchte ich – durchaus selbstkritisch – anmerken, dass der CERN-Rat mit seinen Gremien wie dem Finanzausschuss offenbar an die Grenzen seiner Möglichkeiten gekommen war, im Zusammenspiel mit dem Management ein Großprojekt wie den LHC zu begleiten. Die Einsetzung des Aymar-Komitees war so etwas wie ein Eingeständnis dieses Defizits und auch eine Notbremse in letzter Sekunde. Die abschließende Verantwortung des Rates für das Schicksal des CERN und des LHC möchte ich aber keineswegs leugnen.

Der Neustart

Der Aymar-Bericht wurde Ausgangspunkt eines erfolgreichen Neustarts des LHC-Projekts. Generaldirektor Luciano Maiani setzte zusammen mit dem Rat die vorgeschlagenen Maßnahmen des Aymar-Komitees weitestgehend um. Dies wurde in den Ratssitzungen vom Sommer und Winter 2002 förmlich beschlossen. Von da an gab es eine eindeutige und umfassende Verantwortung des Projektleiters für das Projekt, nicht nur in technischer Hinsicht. Voraussetzung dafür waren eine Neuordnung der Organisation des CERN mit einer klaren Orientierung auf das LHC-Projekt und die Einführung eines Systems der Projektverfolgung, das es ermöglichte, den erreichten Projektstand, die dafür aufgewandten Finanzmittel (*earned value system*) und eine aktuelle Kostenschätzung (*cost to completion*) jederzeit abzurufen.

Eine zwingende Erfahrung aus dem Bau des LHC ist für mich, dass für ein großes und komplexes Projekt mit erheblichem Zeitbedarf eine unabhängige, externe, das Projekt begleitende Controlling-Struktur unabdingbar ist, wie sie beim CERN durch das External Review Committee unter Vorsitz von Robert Aymar und durch ein neu eingerichtetes „Cost and Schedule Review Committee" unter Vorsitz von John Peoples vom Fermilab erst im Projektverlauf eingerichtet wurden. Auf Anregung des Aymar-Komitees wurde schließlich ein sogenanntes „Standing Advisary Committee on Audits" eingerichtet, das seitdem die verschiedenen Controlling-Aktivitäten koordiniert. Erst mit Hilfe einer solchen Controlling-Struktur war auch der Rat wieder handlungsfähig.

Natürlich mussten weiterhin unvorhersehbare Schwierigkeiten bewältigt werden, die leicht zu wirklichen Stolpersteinen hätten werden können, so etwa bei Problemen mit den zahlreichen industriellen Lieferanten. 2002 führte beispielsweise die Insolvenz der Mutterfirma des deutschen Lieferanten eines Drittels der supraleitenden Dipole (Babcock-Noell) vorübergehend zu Aufregung; der Auftrag konnte aber trotzdem fristgerecht durchgeführt werden.

Die Jahre 2001 und 2002 waren so der Aufarbeitung der Finanzkrise und einer Neuaufstellung des CERN mit einer Konzentration auf das LHC-Projekt gewidmet. Als Ergebnis konnte Luciano Maiani in der Ratssitzung Dezember 2002 feststellen: „The LHC is back on track" und in seiner Abschiedsrede als Generaldirektor ein Jahr danach, durchaus zu Recht: „It has been a good year for the LHC-project". Der Beginn der Inbetriebnahme wurde nunmehr auf 2007 angesetzt. Der Neustart war geglückt.

Ein gutes Jahr nach Abgabe des Berichtes des Aymar-Komitees wurde Robert Aymar zum Generaldirektor des

CERN gewählt, wie üblich ein Jahr vor Antritt seiner Amtszeit Anfang 2004. Aus meiner Sicht eine konsequente Entscheidung. Aymar war Physiker mit Erfahrung in wichtigen
Technologiebereichen, die von Bedeutung für den LHC
waren, aber er war kein Teilchenphysiker. So gab es unter
den traditionellen Physikern des CERN zunächst durchaus
Vorbehalte, die aber schwanden, je deutlicher wurde, dass
Aymar „lieferte". Sein „Regierungsprogramm" war der Ay-
mar-Report. Und unter Führung von Robert Aymar wurde
der Bau des LHC schließlich 2008 fertiggestellt.

Doch noch: Murphy's Law

Nachdem im September 2008 zum ersten Mal Protonen
im LHC kreisten, kam es kurz darauf doch noch zu einer
größeren technischen Panne, einer Beschädigung des Kühl-
systems, die schließlich den Austausch bzw. die Reparatur
von 53 Dipolmagneten erforderlich machte. Dadurch wurde der Beginn des wissenschaftlichen Betriebs des LHC
um ein ganzes Jahr verzögert – ein größeres Ärgernis als
die tatsächlich entstandenen Kosten von 45 Mio. Franken.
Es ist im Nachhinein schwer zu sagen, ob der Zeitplan für
die Inbetriebnahme zu ehrgeizig war – riskant war er allemal – oder ob mit einer derartigen Panne einfach gerechnet
werden musste. Robert Aymar konnte so die Aufnahme des
Forschungsbetriebes des LHC nicht mehr in seiner Amtszeit erleben, das blieb Rolf Heuer vorbehalten, der 2007
zum neuen Generaldirektor gewählt worden war. Es gab
kurz nach der Panne im Oktober 2008 eine offizielle Ein-
weihungsfeier des LHC, ohne dass dieser in Betrieb war –

eine etwas gespenstische Situation und übrigens auch mein letzter Besuch des CERN.

Erst im November 2009 umkreisten wieder Protonen den Ring und kurz darauf wurden die ersten Kollisionen beobachtet. Zunächst geschah dies mit einer Kollisionsenergie von 7, später mit 8 TeV. Ab März 2010 wurden schließlich von den vier großen Detektoren am LHC Daten genommen – 19 Jahre nach der Bitte des Rates an den Generaldirektor, Pläne für den LHC auszuarbeiten und 10 Jahre nach der Stilllegung des LEP! Weltweit hatten Physiker hierauf mit wachsender Ungeduld gewartet; vor allem für die jungen Doktoranden und Postdoktoranden sind Verzögerungen in dieser Größenordnung, insgesamt ja deutlich länger als die ohnehin schon lange Dauer einer Promotion, außerordentlich schwer zu verkraften. Ich glaube, dass mit dem LHC in jeder Hinsicht, von der Größe und Komplexität des Beschleunigers wie der vier Detektoren, der Zahl der beteiligten Wissenschaftler und Techniker bis zu der Bauzeit, eine Grenze erreicht ist, die nur schwer erfolgreich übertroffen werden kann.

Die Kosten des LHC

Mit dem Jahresabschluss 2008, dem Jahr der Inbetriebnahme, legte die CERN-Direktion dem Rat eine Aufstellung der Gesamtkosten des LHC vor, erstmals nach international üblichen Standards, in einer Vollkostenrechnung, wie es bereits das Aymar-Komitee vorgeschlagen hatte. Danach waren insgesamt 3685 Mrd. Schweizer Franken durch das CERN selbst für den Beschleuniger aufgewandt worden, was ausschließlich den sogenannten Materialkosten entspricht. Unter Einschluss der Personalkosten kommt man schließlich auf 4835 Mrd. Franken (jeweiliger Stand 2008), inklusive der vorlaufenden Entwicklung und der betriebsvorbereitenden Tests. Zur Erinnerung: die damalige Schätzung des Aymar-Komitees mit 4,6 Mrd. Franken war zum Preisstand von 2002 erstellt worden. Tatsächlich hielten sich die Materialkosten innerhalb des nach dem Neustart budgetierten Rahmens von 2 % Inflation und einer Risikovorsorge von 150 Mio. Franken. Es gab keine allzu großen Überraschungen mehr; der Bau des LHC lief seither zufriedenstellend – eine großartige Leistung des LHC-Teams und der Direktion, so schien es. Doch dann schlug Murphy's Law doch noch zu.

Nun muss man zu diesen dem CERN unmittelbar entstandenen Kosten für den LHC-Beschleuniger und die Experimentierhallen auch noch die Kosten für die Verbesserung des Vorbeschleunigersystems in Höhe von 153 Mio. Franken hinzunehmen und kommt so zu Kosten für das gesamte LHC-System in Höhe von 4988 Mrd. Schweizer Franken. Eine Nutzung des LHC ist allerdings ohne das Grid-Computing-System nicht möglich, welches zusätzlich noch mit weiteren 179 Mio. für das CERN zu Buche schlägt. Am Ende erhält man schließlich eine Gesamtsumme von 5167 Mrd. Franken.

Darüber hinaus fehlen aber auch noch die Kosten der vier großen (und einiger kleinerer) Experimente: der Detektoren. Die unmittelbaren Detektorkosten, also der Material- sowie Personalkosten, für das CERN werden in dem Jahresabschluss 2008 mit 1372 Mrd. Franken angegeben. Damit sind wir nun schon bei 6539 Mrd. angekommen.

Dieser Wert findet sich in dem Jahresabschluss 2008 als „LHC Expenditure", der entsprechende Kostenaufwand – eine Zahl, die noch einmal deutlich macht, dass ein so umfangreiches und komplexes Forschungsgerät wie der LHC nur in einem internationalen Kraftakt verwirklicht werden konnte.

An anderer Stelle im genannten Jahresabschluss wird allerdings als Buchwert (*net book value*) des LHC eine noch höhere Summe genannt, nämlich stolze 7874 Mrd. Schweizer Franken! Die Differenz zu den eben genannten 6539 MCHF besteht im Wesentlichen aus den in der obigen Rechnung nicht enthaltenen Beiträgen der internationalen Kollaborationen zu den Detektoren, allerdings nur unter Berücksichtigung der Materialkosten (Abb. 2.4). Mit den

Kostenpunkt	in 10^6 CHF
Maschinen und Experimentierhallen	
Material	3.685
Personal	1.150
Injektor	153
Summe Maschine	**4.988**
Grid Computing	179
Summe	**5.167**
Detektoren (CERN)	1.372
Detektoren (Kollaborationen, nur Material)	903
Gesamtkosten LHC	**7.874**

Abb. 2.4 Auflistung der Kosten des LHC. (Quelle: CERN-Jahresabschluss 2008, CERN 2840)

nicht erfassten Personalkosten der Kollaborationen übertreffen die Gesamtkosten des LHC-Systems glatt die Grenze von sage und schreibe 8 Mrd. Franken.

Bei den ersten Überlegungen für eine Finanzierung des LHC hatte Carlo Rubbia einen Beitrag von etwa 500 Mio. Franken von Nicht-Mitgliedsstaaten angesetzt. Tatsächlich gelang es schließlich, etwa 700 Mio. an internationaler Beteiligung einzuwerben – durchaus ein achtbarer Erfolg. Der größte Beitrag kam mit 290 Mio. aus den USA, gefolgt von Russland und Japan. Allerdings schlugen diese Summen wegen unterschiedlicher Verrechnung von zum Beispiel sogenannten Overheads, umgangssprachlich auch als Gemeinkosten bezeichnet, nur mit insgesamt 432 Mio. beim LHC zu Buche, gut 8 % der Bausumme. Die meisten Beiträge waren *in-kind*-Lieferungen von speziellen Komponenten, für die das verantwortliche Labor im Idealfall weltweiter Kompetenzträger war.

Schlussbemerkungen

15 Jahre habe ich als Teil des CERN-Systems den Entscheidungsprozess begleitet, mitgetragen und auch mitgeformt. Zum einen fühle ich mich daher genauso wie manch jubelnder Physiker oder Techniker bei der Präsentation der Higgs-Ergebnisse im Juli 2012. Zum anderen bleibt dennoch ein wenig Nachdenklichkeit, denn zu vielfältig waren die Stolpersteine und die hohen Klippen, an denen das Projekt zu scheitern drohte. Dabei bleibt die Hoffnung, dass einige Lehren aus dem schwierigen Weg zum Erfolg gezogen werden können.

Es mag angebracht sein zu fragen, welche grundsätzlichen Bedingungen nun eigentlich erfüllt sein müssen, um ein solch großes Projekt wie den LHC zu bewilligen und erfolgreich durchzuführen.

Als erste Grundlage für einen Baubeschluss sollte Einigkeit über den wissenschaftlichen Wert der neuen Anlage bestehen, der sogenannte *physics case*. Was ist das Entdeckungspotenzial der Maschine? Wie viele Nutzer werden sich an Experimenten des LHC beteiligen? Sind womöglich nicht wirklich vorhersehbare, überraschende neue Erkenntnisse zu erwarten?

Tatsächlich war sich die Gemeinde der Teilchenphysiker seinerzeit weitgehend einig, dass die nächste große Maschine ein Proton-Proton-Beschleuniger sein sollte. Zweifel gab es allenfalls, ob die am CERN wegen der Verwendung des LEP-Tunnels erreichbaren Energien bereits in einen Bereich für neue Entdeckungen führen würden oder ob nicht doch erheblich höhere Energien notwendig sein würden, wie sie für den SSC in den USA geplant waren. Wir können heute – nach den ersten durchaus spektakulären Ergebnissen des LHC – mit etwas Erleichterung sagen, dass die damaligen Überlegungen im Grundsatz richtig waren.

Als zweite Bedingung sollte die technische Realisierbarkeit (*technical viability*) der geplanten Anlage möglichst detailliert untersucht, demonstriert und umfassend dokumentiert sein, üblicherweise in einen sogenannten *technical design report*, wie er 1995 für den LHC vorlag. Im Fall des LHC hieß dies weiter, neben vielen anderen Komponenten, die Entwicklung der supraleitenden Magnete und Kavitäten zu betreiben und schließlich den Aufbau und Betrieb eines sogenannten test-strings durchzuführen, was endgültig erst 1998 geschah.

Es schien allen für die Vorbereitung des LHC Verantwortlichen – in der Direktion ebenso wie im Rat – wichtig, die Dynamik der Vorbereitung und schließlich der Beschlussfassung nicht zu gefährden. Die technischen Schwierigkeiten der Magnetentwicklung und des *test-strings* waren nicht unerwartet, konnten aber gemeistert werden. Das hatte dann seinen Preis: Die drei Unternehmen aus Deutschland, Frankreich und Italien, die schließlich mit der industriellen Fertigung der Magnete beauftragt wurden, waren bei den Preisverhandlungen durch die vom CERN gewählte Strategie in einer durchaus komfortablen Situation.

Die dritte Bedingung ist eine belastbare Kostenschätzung. Es ist offensichtlich, dass eine Kostenschätzung für ein komplexes Großprojekt zunächst einmal einen technischen Entwurf voraussetzt, der nach Möglichkeit vollständig und dann auch eingefroren sein sollte (*technical design report*); diese Bedingung zu erfüllen, erfordert mehr Disziplin als vielfach aufgebracht wird. Ohne Klarheit über den Zweck des Projektes und über die Vollständigkeit des Entwurfs kommt es zu ständigen Nachbesserungen und Umplanungen mit erheblichen Folgen für die Kosten.

Schließlich darf eine vierte Bedingung nicht vergessen werden, nämlich ein schlüssiges und auf einer realistischen Kostenschätzung aufbauendes Finanzierungskonzept für den LHC über die gesamte Bauphase und auch die Phase der Inbetriebnahme. Um diese wichtigste Bedingung beim Baubeschluss nicht zu gefährden, hatte das CERN-Management sich wohl zu dem Kunstgriff geflüchtet, das Grid-Computing auszuklammern und auch weitere Elemente des Projektes an anderer Stelle im CERN-Budget zu verbuchen, wie es das später eingesetzte External Review Committee kritisch feststellen sollte.

Zu diesen kurz skizzierten Voraussetzungen für einen Baubeschluss eines Großprojektes wie dem des LHC kommen für eine erfolgreiche Umsetzung des Baubeschlusses, den tatsächlichen Bau des Gerätes, wie oben ausgeführt, unabdingbar personale und organisatorische Maßnahmen hinzu. Diese umfassen insbesondere auch den Aufbau einer Controlling-Struktur, die im Fall des LHC nur teilweise und tatsächlich erst mit der Umsetzung des Aymar-Berichtes systematisch berücksichtigt worden war.

Diese Voraussetzungen für den Bau eines wissenschaftlichen Großprojektes mögen trivial erscheinen, sie sind es aber keineswegs. Ich bin überzeugt, dass auch die Misere der oben genannten Großprojekte aus ganz anderen Bereichen – von Stuttgart bis Berlin – zum guten Teil auf die Verletzung dieser einfachen Regeln zurückzuführen ist. Um ein mediales Beispiel zu nennen, es hat bei der Hamburger Elbphilharmonie in mehr als 500 Gewerken Änderungswünsche gegeben.

Die Gründe für einen immer wieder sorglosen Umgang mit diesen einfachen Regeln, eigentlich Regeln des gesunden Menschenverstandes, mögen vielfältig sein, von politischem Druck bis zu der vagen Hoffnung, es werde schon alles gut gehen. Sträflich ist es allemal und ungestraft bleibt es wohl nie. Murphy's Law lässt grüßen.

Für den Zugang zu Unterlagen des CERN-Rates und des BMBF danke ich Monika Lindenau, Thomas Roth und Beatrix Vierkorn-Rudolph, für eine kritische Durchsicht meines Textes Rainer Koepke, Sigurd Lettow, Hermann Strub sowie Horst Wenninger.

3

Accelerating Science – Das CERN als Beschleuniger von Technik, Kultur und Gesellschaft

Dr. Rolf Landua

Dr. Rolf Landua hat an der Universität Mainz Physik studiert und dort 1980 über „Exotische Atome" promoviert. Seit 1980 arbeitet er am CERN, wo er seit 1987 fest angestellt ist. Rolf Landua ist am CERN unter anderem Experte für Antimaterie und Leiter des ATHENA-Experiments, dem es 2002 gelang, Millionen sich langsam bewegender Anti-Wasserstoffatome herzustellen. Seit 2005 leitet er die CERN-Abteilung für öffentliche Fortbildung, wo er für die Ausstellungen, Besucherprogramme und für die Lehrerfortbildungen am CERN verantwortlich ist. Darüber hinaus engagiert sich Landua für die Erneuerung des naturwissenschaftlichen Schulunterrichts. Für sein Engagement wurde er mit dem Kommunikationspreis der Europäischen Physikalischen Gesellschaft ausgezeichnet.

Sobald es um das Forschungszentrum CERN und den Large Hadron Collider geht, liegt das Hauptaugenmerk meist auf Forschungsthemen wie dem Higgs-Boson oder der Suche nach Antimaterie. Dennoch darf man auch den kulturellen und gesellschaftlichen Einfluss nicht außer Acht lassen. Dieser ist zwar nicht immer unmittelbar zu erkennen, schlägt sich jedoch in vielen Bereichen deutlich nieder. „Accelerating Science" ist dabei das griffige Motto des Forschungszentrums, das im Folgenden von der Wissenschaft auf die Bereiche der Technik, der Kultur und der Gesellschaft übertragen werden soll.

Das CERN als Beschleuniger von Technik

Als Ausgangspunkt denke man an eine der fundamentalsten Fragen, die man häufig nach Vorträgen zu hören bekommt und die völlig berechtigt ist: „Was nutzt mir das Higgs-Boson?" oder „Wozu brauchen wir Grundlagenforschung überhaupt?" Auch in Diskussionsforen im Internet fragt sich mancher interessierte Laie wo die ganzen Fördergelder überhaupt hinfließen und wo für ihn selbst der unmittelbare Nutzen festzustellen ist. Solche Fragen benötigen auch eine vernünftige Antwort.

Dabei ist ein 2400 Jahre altes Beispiel aus Platons „Der Staat" (Politeia) nicht uninteressant. Es handelt sich hierbei um einen Dialog zwischen Sokrates und Glaukon, wobei dem Leser ein philosophischer Sachverhalt, in diesem Fall der Sinn der Grundlagenforschung, näher gebracht werden soll. Diese pädagogische dialektische Vorgehensweise ist auch unter dem Namen Sokratische Methode bekannt. Sokrates will von Glaukon wissen, ob die Astronomie als drittes Lehrfach aufgestellt werden soll. Glaukon entgegnet, dass dies eine gute Idee sei, da es nicht nur für den Ackerbau und die Schifffahrt wichtig ist, genauere Aussagen über den Jahres- und Monatsverlauf treffen zu können, sondern auch für die Kriegskunst. Sokrates erwidert daraufhin, dass Glaukon „Furcht vor dem großen Publikum" hätte, da er anscheinend „unpraktische Lehrgegenstände" einführe. Stattdessen sei der Hauptnutzen vielmehr der, dass ein gewisses Seelenorgan gereinigt werde, durch welches man die Wahrheit erblicke und das ansonsten im Alltag absterben würde.

In unserem Fall könnten wir nun das Higgs-Boson als unpraktischen Lehrgegenstand bezeichnen, wobei das eigentliche Hauptziel natürlich der Erkenntnisgewinn ist. Man will schließlich verstehen, woraus unser Universum besteht, woraus es entstand und warum die uns bekannten Naturgesetze so und nicht anders existieren. Das Higgs-Boson stellt nur eine von vielen Instanzen für einen unmittelbaren Nutzen dar. Dieser reine Erkenntnisgewinn allein ist sicherlich schon eine große und hinreichende Motivation für ein Großprojekt wie den LHC. Dennoch verfolgt das CERN neben der Grundlagenforschung noch weitere Missionen, die damit zusammenhängen und in gewisser Weise auch daraus folgen.

Zum einen muss man, um Großforschung auf diesem Niveau betreiben zu können, schlichtweg neue Technologien entwickeln. Woran liegt das? Entweder existieren die benötigten Technologien einfach noch nicht oder sie existieren bisher nur in einer Form, die nicht exakt den gewünschten Zweck erfüllt oder einfach nur unrentabel ist. Dabei wäre das Budget schnell gesprengt. An dieser Stelle wird es essenziell neue Lösungen zu finden. Dies war zum Beispiel der Fall bei der Entwicklung des World Wide Web und des Grid-Computing, das heutzutage aus der Medizin in den Bereichen Diagnose und Therapie nicht mehr wegzudenken ist.

Zum anderen entsteht durch Grundlagenforschung häufig unerwartet etwas Neues, das für die ganze Gesellschaft von Vorteil ist. Nur lässt sich das schlecht vorhersagen. Am CERN wird man häufig mit Fragen konfrontiert, was man denn nun mit dem Higgs-Boson anfangen könne und ob man dies, leicht überspitzt dargestellt, in Zukunft für die neueste iPhone-Generation oder für die heimische Küche verwenden können wird. An dieser Stelle bedarf es zunächst einiger Klarstellungen …

Schon Niels Bohr wusste: „Vorhersagen sind immer schwierig, vor allem wenn sie die Zukunft betreffen." Dieser hochintelligente Ausspruch lässt sich in vielerlei Hinsicht auch historisch gut belegen. Nehmen wir zum Beispiel den britischen Physiker Michael Faraday, der in den 1820er Jahren das Prinzip der Induktion, der Elektrolyse und der Elektrostatik erforschte. Michael Faraday bekommt eines Tages Besuch von seinem Finanzminister William Gladstone. Dieser fragt Faraday nach dem praktischen Nutzen seiner Forschung. Dies war schon damals eine sehr berechtigte Frage, da Faradays Treiben zu der Zeit eher auf Jahrmärkten verbreitet war und einen esoterischen Touch hatte. Faraday antwortete daraufhin knapp, dass er das zwar nicht wisse, aber glaube, dass eines Tages darauf Steuern erhoben werden würden. Faraday würde damit, wie wir heute wissen, Recht behalten. Allerdings dauerte es noch weitere 80 Jahre, bis die Elektrizität schließlich zum Wirtschaftswachstum führte. Obgleich dabei schon zwischen 1880 und 1900 sowohl in England als auch in Deutschland die Elektrizität Einzug hielt, profitierten die Engländer davon in Hinblick auf ihr Wirtschaftswachstum noch bis in die 1970er Jahre hinein.

Ein weiteres Beispiel ist die Weiterentwicklung der Kerze. Sagt man zum Beispiel zu einem Kerzenfabrikanten, dass er eine bessere Beleuchtung entwickeln solle, wird dies aller Voraussicht nach zur Produktion besserer Kerzen, nicht aber zur Entwicklung der Glühbirne führen. Oder man schaut sich an, was zur Erfindung des Radios, des Fernsehers oder des Smartphones führte: die Entdeckung der elektromagnetischen Wellen. Diese wurden von James Clerk Maxwell Mitte des 19. Jahrhunderts vorhergesagt und daraufhin von Heinrich Hertz experimentell bestätigt. Ungefähr weitere 50 bis 100 Jahre später folgten die technologischen Entwicklungen vom Radio bis zum Mobiltelefon aus dieser Form der Grundlagenforschung. Kein iPhone also ohne Hertz! Faraday legte dabei zunächst den Grundstein durch das Studium elektrischer und magnetischer Felder, gefolgt von Maxwell und Hertz, die wiederum den Weg für das Smartphone ebneten, das die Menschen im Jahr 2007 erstmals in Händen halten konnten. Dabei vergehen von der Grundlagenforschung bis hin zur technologischen Anwendung also oftmals mindestens 50 bis 80 Jahre. Deswegen lässt sich häufig schwer vorhersagen, was am nächsten Tag oder im nächsten Jahr bei der Grundlagenforschung Konkretes herauskommt.

Elektromagnetische Wellen

Elektromagnetische Wellen sind Wellen, die aus elektrischen und magnetischen Feldern bestehen. Dies lässt sich leicht aus den sogenannten *Maxwell-Gleichungen* der Elektrodynamik, die das Verhalten dieser Felder beschreiben, einsehen: Durch Ableitung erhält man sowohl für das elektrische als auch das magnetische Feld eine *Wellengleichung*, die zusätzlich den Begriff der *Lichtgeschwindigkeit* festlegt. Die Lichtgeschwindigkeit c im Vakuum ergibt sich so mathematisch natürlich als Konstante aus den Größen der elektrischen *Dielektrizitätskonstante* ε_0 und der magnetischen *Permeabilitätskonstante* μ_0. In Materie gilt dabei $c_m = \sqrt{(\mu_0 \mu_r \varepsilon_0 \varepsilon_r)}$, wobei die Größen mit Index r (für ‚relativ') die materialspezifischen Konstanten festlegen und in Materie die Lichtgeschwindigkeit daher verringern. Dies definiert außerdem den sogenannten optischen Brechungsindex $n = c_m/c$. Die durch die Wellengleichungen des Elektromagnetismus geforderte Konstanz der Lichtgeschwindigkeit war darüber hinaus die Motivation für die Entwicklung der *speziellen Relativitätstheorie* durch Einstein und die damit verbundenen Annahmen der Relativität der Raumzeit und der Lorentz-Transformation.

Als elektromagnetische Wellen gelten sowohl das *sichtbare Licht*, als auch *Mikrowellen-, Röntgen-, Infrarot-, UV-, Gamma-* und *Wärmestrahlung* sowie *Radiowellen*. All diese Ausprägungen bilden das kontinuierliche Spektrum der elektromagnetischen Strahlung bei unterschiedlichen Wellenlängen, welche über $c = \lambda \times f$ mit der Frequenz verknüpft sind. Sichtbares Licht lässt sich über Photodetektoren messen, wie im Falle des menschlichen Auges oder des CCD-Chips einer Digitalkamera. Bei Radiowellen stellt der Empfänger im Allgemeinen eine Antenne dar, in der sich gemäß dem Prinzip des *Hertz'schen Dipols* eine stehende Welle ausprägen kann, die jeweils von der Empfangsfrequenz abhängt.

Darüber hinaus denke man nur an Einstein! Als Einstein über die Natur von Raum und Zeit nachdachte und in bewegten Bezugssystemen, beziehungsweise in solchen, die der Gravitation unterliegen, die Zeitdilatation entdeckte, dachte er mit Sicherheit nicht an die spätere Verwendung dieser Erkenntnisse beim *GPS* (*Global Positioning System*). Diese Entwicklung kam erst mehr als 50 Jahre später. Ohne die von Einstein gefundenen *Zeitdilatationseffekte* würde sich das Navigationssystem unseres Autos sehr schnell verirren. Eine weitere wichtige Entwicklung, die ohne Einstein nicht zustande gekommen wäre, ist der allseits verwendete *Laser*. Er basiert auf dem Prinzip der *stimulierten Emission von Atomen*, die Einstein Anfang des 20. Jahrhunderts entdeckte. Noch in den 1960er Jahren wurde dieses Phänomen als eine Lösung verlacht, die ein Problem sucht. Weniger als 15 Jahre später hatte man zunächst eine Alltagsanwendung im Barcodescanner, was vielleicht noch nicht so spektakulär ist. Heute jedoch kommen wir sowohl in der Medizin als auch in der Unterhaltungsindustrie schlichtweg nicht mehr ohne Laser aus. Genereller gilt das überhaupt für die Industrie und die Wissenschaft. Heute ist der Laser also eine Lösung für Tausende von Problemen.

Einstein inside: GPS und Laser
Albert Einstein war durch seine immensen Beiträge zur Physik auch der Vater vieler späterer technischer Entwicklungen. Dabei ist nicht nur die Entwicklung der Relativitätstheorie hervorzuheben, sondern auch seine wichtigen Beiträge im Bereich der Quantenmechanik, wofür er im Rahmen der Entdeckung des *Photoeffekts* (der im Übrigen ebenso in unzähligen Industriebereichen, wie der Halbleitertechnologie, Verwendung findet) im Jahr 1922 den Nobelpreis erhielt.

Ein bekanntes Beispiel für die Einstein'schen Nachwirkungen ist die korrekte Funktionsweise des sogenannten *GPS (Global Positioning System)*. GPS funktioniert nach dem Prinzip eines globalen Navigationssatellitensystems, das ursprünglich in den 1970er Jahren vom US-Verteidigungsministerium unter dem Namen NAVSTA-GPS entwickelt wurde. GPS-Empfänger bestimmen über die Entschlüsselung von Radiosignalen ihre genaue Position durch die Positions- und Sendezeitsignale von theoretisch drei, in der Praxis jedoch meist vier GPS-Satelliten, womit sich unter anderem die Signallaufzeit bestimmen lässt. Für die korrekte Bestimmung der Position des Empfängers ist allerdings nicht nur die Annahme der Konstanz der Lichtgeschwindigkeit nach der speziellen Relativitätstheorie von Relevanz, sondern auch die Prinzipien des relativistischen Dopplereffekts und der *Zeitdilatation*. Durch die höhere Umlaufgeschwindigkeit der Satelliten im Vergleich zur Erdumdrehung und der geringeren *gravitativen Zeitdehnung* gemäß der Allgemeinen Relativitätstheorie im Vergleich zu erdgebundenen Uhren gehen die Atomuhren der Satelliten schneller, was kompensiert werden muss. Zusätzlich unterliegen die Signale einer relativistischen Frequenzverschiebung gemäß dem *relativistischen Doppler-Effekt*, was auf die Relativbewegung von Satellit und Beobachter zurückzuführen ist.

Das zweite erwähnte Beispiel ist das des *Lasers (light amplification by stimulated emission of radiation)*. Der Entwicklung des ersten Lasers im Jahr 1960 liegt das Prinzip der sogenannten *stimulierten Emission von Photonen* zugrunde, das Einstein 1916 postulierte. In Atomen können durch Energiezufuhr Elektronen von niedrigen auf höheren Energieniveaus gehoben werden. Trifft nun ein Photon mit der Frequenz, die dem Energieunterschied zwischen dem angeregten und einem erlaubten niedrigeren Niveau entspricht auf das angeregte Atom, so fällt das Elektron auf das entsprechend niedrigere Niveau zurück und sendet dabei ein weiteres Photon von gleicher Frequenz wie die des einfallenden Photons aus. Dieser Vorgang wird als stimulierte Emission bezeichnet und ist vor allem in Lasern von Relevanz, wo durch diesen Vorgang kohärente Photonen erzeugt werden, die schließlich durch Erzwingen einer Kettenreaktion, das intensive Laserlicht gleicher Frequenz darstellen.

Laser finden in unzähligen Bereichen Anwendung, wie der Wissenschaft und Forschung, der Medizin, bei Fertigungsverfahren in der Industrie, in der Mess- und Steuerungstechnik und im heimischen CD- und BluRay-Player und sind aus unserem Alltag nicht mehr wegzudenken.

Anhand dieser Beispiele sieht man deutlich: Grundlagenforschung ist Forschung, die oft lange auf ihre Anwendung wartet. Zwischen der Grundlagenforschung und der daraus folgenden Innovation oder Anwendungsidee ist häufig ein enormer Kreativitätsschritt notwendig, der nicht von heute auf morgen kommt. Von 30 bis 100 Jahren ist alles dabei. Die wirtschaftliche Auswirkung folgt meist aus der Grundlagenforschung, da in allen oben genannten Fällen die Technologie, aller Voraussicht nach, nicht aus sich selbst entstanden wäre.

Was war nun die bisherige technologische Auswirkung des CERN? Das CERN ist Teil der Teilchenbeschleuniger-Forschungslandschaft, die in Deutschland am Prominentesten am *DESY* in Hamburg oder am *GSI* in Darmstadt vertreten ist. Weltweit existieren ungefähr 30.000 Teilchenbeschleuniger, deren Anwendungsgebiet aber nicht nur auf die Teilchenphysik beschränkt ist. Nur ein geringer Bruchteil von ihnen findet sich dabei tatsächlich in der Physik. Vielmehr findet man Teilchenbeschleuniger in den Bereichen der medizinischen Diagnostik, der Sterilisation von Nahrungsmitteln, bei der Dotierung von Halbleitern, bei der Untersuchung von Werkstoffen und bei der Beschichtung künstlicher Herzklappen. Dabei stellen die Bereiche der medizinischen Radiotherapie und der Dotierung von Halbleitern zusammen 80 % der Gesamtzahl an Teilchenbeschleunigern weltweit. Nur knapp 10 % finden sich in der wissenschaftlichen Forschung. Auch das CERN ist an der Entwicklung von Protonen-Therapiezentren, wie dem *Med-Austron* in Österreich oder dem *CNAO* in Italien, beteiligt. Die heutigen 39 weltweit existierenden Protonen-Therapiezentren stellen dabei wieder einen Innovationssprung dar, der in den 1930er Jahren in der Grundlagenforschung mit der Entwicklung des ersten sogenannten *Zyklotrons* begann.

Zudem war das CERN im Jahr 1977 an dem Prototyp eines ersten sogenannten *PET-Scanners* beteiligt. PET steht dabei für Positronen-Emissions-Tomographie, wobei die sogenannten Positronen, die die Antiteilchen zu den Elektronen darstellen, von einer schwach radioaktiv markierten Substanz (z. B. Glukose) emittiert werden. Auf diese Weise lässt sich zum Beispiel feststellen, wo sich im Körper etwaige Metastasen befinden. In den letzten Jahren wurde es darüber hinaus möglich, eine neue Generation von PET-Scannern zu entwickeln, die bestimmte Kristalle verwenden, die kompakter und hochauflösender sind als bisher. Für die Verwendung dieser Kristalle ebnete die Detektortechnologie am LHC den Weg. Auch in diesem Fall sieht man, dass nicht nur die Grundlagenforschung am CERN im Bereich der Teilchendetektoren zu bahnbrechenden Entwicklungen im medizinischen Sektor führte, sondern dass eben noch abstraktere Themengebiete, wie das der Antimaterie, die 1927 postuliert wurde, den Grundstein dafür gelegt haben.

Das berühmteste Beispiel für die Verbindung von Grundlagenforschung und Innovation ist vermutlich die Entwicklung des World Wide Web im Jahr 1989 durch Tim Berners-Lee. Die Überschrift seines Antrags gegenüber seinem damaligen Chef, Mike Sendall, das entsprechende

Konzept weiterentwickeln zu können, lautete folgendermaßen: „This proposal concerns the management of general
information about accelerators and experiments at CERN".
Mike Sendall erwiderte auf diesen Antrag hin, dass er zwar
nicht völlig verstanden habe, was Berners-Lee denn genau
tun wolle, aber er solle einfach mal damit weitermachen.
Schließlich weckte seine Arbeit das allgemeine Interesse am
World Wide Web, so dass sich das damalige Management
im Jahr 1993 entschloss, das WWW öffentlich zugänglich
zu machen. Wie sich heute leicht feststellen lässt, hatte das
massive Auswirkungen. Im Vergleich zu manch anderer Innovation, die ihren Weg aus der Grundlagenforschung herausfinden musste, ging das in diesem Fall recht flott.

Als es im Jahr 1989 nur einen einzigen Webserver auf der
Welt gab, war die gesamte Datenrate pro Tag im WWW
noch bei weniger als 0,0001 Petabyte. Seit 1995 ist ein ex-
ponentieller Anstieg der Datenrate zu beobachten, wobei
wir im Jahr 2011 bei mehr als 1000 Petabyte pro Tag standen. Die Roh-Datenrate der LHC-Experimente liegt da im
Übrigen noch einmal bei Weitem darüber und zwar um
das Hundertfache! Auch in Bezug auf die Anzahl der weltweiten Server hat sich das WWW bis zum heutigen Tag
verselbstständigt: Im Jahr 2013 stehen wir bei ungefähr
900 Mio. Servern. Die Unternehmensberatung McKinsey
hat versucht, die Wirtschaftsleistung des Internets zu quan-
tifizieren und kam dabei auf ungefähr drei Prozent des globalen Bruttosozialprodukts (GDP, *gross domestic product*).
Momentan entspricht das 1,6 Billionen US-Dollar. Ein
Promille davon würde schon reichen, das CERN für die
nächsten 1000 Jahre gut zu finanzieren.

Unter Berücksichtigung des zuvor erwähnten Zitats von Niels Bohr fragt man sich vielleicht nun, welche neuen CERN-Innovationen sich am Horizont abzeichnen. Beim Blick in die Kristallkugel offenbart sich schon das ein oder andere: Zum einen ist da die Detektortechnologie, die garantieren muss, dass am LHC pro Kollisionsereignis knapp 80 Wechselwirkungsvertices aufgezeichnet werden können. Die entsprechenden Pixeldetektoren aus Silizium, die bei einer Auflösung von ungefähr 10–15 μm eben diese Vertices detektieren, können darüber hinaus auch mit einer unglaublichen Schnelligkeit ausgelesen werden. Dies findet schon heute in der Medizin in Form der sogenannten *Medipix-Detektoren* Anwendung. Für CT-Aufnahmen bedeutet dies, dass man trotz höherer Auflösung eine geringere Strahlungsbelastung benötigt. Die Entwicklung kleinerer und leistungsfähigerer Kristalle in Detektoren, die zu einer besseren Auflösung führen, sorgen auf der anderen Seite für eine erhebliche Verbesserung der Diagnostik bei der Positronen-Emissions-Tomographie.

Außerdem findet sich am CERN und insbesondere am LHC die größte Anwendung von supraleitenden Instrumenten weltweit. Bei einer Verwendung von 1,5 Mrd. km supraleitendem Draht in den entsprechenden Spulen zur Erzeugung der benötigten Magnetfelder im Beschleuniger, ist gerade die Weiterentwicklung der Hochtemperatur-Supraleitung von höchster Relevanz. Auch hier verschiebt das CERN die Grenzen der Technologie immer weiter, wovon wiederum die Industrie vielfältig profitiert. Ein weiteres Beispiel ist die Vakuumtechnik. Am LHC wird ein möglichst perfektes Vakuum benötigt, um die Teilchenkollisionen im Beschleuniger möglichst „rein" zu halten. Unser

Mitarbeiter Chris Benvenuti konnte zeigen, dass mit dieser Technologie weitaus bessere Solarkollektoren produziert werden können, da man dabei stark verbesserte thermische Isolationseigenschaften erreichen kann.

Eine überaus verblüffende Anwendung, die viel seltener Beachtung findet, ist die ultraschnelle Mustererkennung in Teilchendetektoren mit sogenannten *Triggersystemen*. Am LHC haben wir es mit ca. 600 Mio. Proton-Proton-Kollisionsereignissen pro Sekunde zu tun. Dies entspricht den zuvor genannten 100.000 Petabyte pro Tag, die unmöglich alle gespeichert werden können. An dieser Stelle kommt ein ausgefeiltes Triggersystem ins Spiel, welches dafür sorgt, dass nur ca. ein Millionstel dieser Daten tatsächlich aufgenommen wird. Dieses eine Millionstel entspricht dabei besonders interessanten Ereignissen, die für die speziellen Experimente von hoher Relevanz sind. Man muss sich das folgendermaßen vorstellen: Nehmen wir an, wir gehen auf den Markt und wollen an einem Stand aus dem überwältigenden Angebot Erdbeeren kaufen. Worauf achten wir? Möglicherweise scannen wir den Stand nach roten kleinen Früchten in Schälchen. Sobald wir ein Produkt sehen, was darauf zutrifft, werden wir genauer hinsehen, ob es sich auch dabei um Erdbeeren oder nicht vielleicht doch um Himbeeren oder Tomaten handelt. Im Falle der Suche nach Erdbeeren ist das unser intrinsisches eigenes Triggersystem. Das Gleiche gilt auch für bestimmte Events am LHC, an die man gewisse Erwartungen z. B. bezüglich der Suche nach dem Higgs-Teilchen stellt. Dieses Triggersystem für die Daten ist gerade beim LHC sehr eindrucksvoll und schafft es tatsächlich, nur ein Millionstel der gesamten immensen Datenmenge auszuwählen und abzuspeichern. Anschließend folgt die Verarbeitung und Analyse der Daten, wofür das CERN ein GRID-System geschaffen hat, bei dem nach letztem Stand um die 350.000 verschiedene handelsübliche Computer, in diesem Fall normale Standardserver, wie ein einziger Megacomputer zusammenarbeiten. Zusätzlich zu den ganzen 100.000 Terabyte an LHC-Daten pro Jahr, die einen 20 km hohen DVD-Stapel ergeben würden, benötigen all diese Computer auch noch sämtliche Kalibrierungsdaten der einzelnen Detektoren. Das Faszinierende daran ist nun, dass das Zusammenspiel dieser unglaublichen Menge an Computern vom ersten Tag an einwandfrei funktioniert hat und es nicht zu Datenstaus gekommen ist, so dass zu jedem Zeitpunkt alle Datensätze bearbeitet werden konnten. Im Falle der Ankündigung des Higgs-Bosons am 4. Juli 2012 waren die letzten Daten noch vier Wochen zuvor bearbeitet worden. Das illustriert eindrucksvoll, wie effektiv das CERN-eigene Grid-Computing funktioniert. Und nicht nur die Physik profitiert von dieser neuen Technologie, sondern auch unzählige andere Fachbereiche von der Archäologie über die Geologie bis zur Molekularbiologie.

Bei der Frage nach der Innovation liegt insbesondere die Verbindung zur Quantifizierung der Wirtschaftsleistung des LHC nahe. Was bekommt der Bürger eigentlich aus der ganzen LHC-Forschung am Ende wieder raus? Eine Studie zu dieser Frage hat ergeben, dass jeder Euro, der ins CERN investiert wird, für die Industrie einen Umsatz von drei Euro bedeutet. Nehmen wir ein Beispiel aus dem IT-Sektor: das *CERN openlab*. Das CERN openlab steht unter dem Motto „You make it – we break it". Was bedeutet das? Das CERN bietet sich sozusagen als Versuchskaninchen für weltbekannte Firmen wie Hewlett Packard, Intel, Oracle, Siemens oder Huawei an. Dabei testen diese Unternehmen die Technik von morgen in der technisch äußerst herausfordernden Umgebung des CERN. Das CERN ist somit die Messlatte unter extremen Bedingungen, an der sich Industrieunternehmen austoben können, denn: Wenn es bei uns unter den härtesten Bedingungen funktioniert, dann funktioniert es auch im Alltag des Endverbrauchers.

Nach all diesen Beispielen habe ich sicherlich gerade die LHC-Anwendung, von der man in 20 Jahren einmal sprechen wird, nicht aufgeführt. Aber so ist das nun einmal mit der Grundlagenforschung.

Das CERN als Beschleuniger der Kultur

Das CERN hat aber nicht nur technologische und innovative Auswirkungen auf die Gesellschaft, sondern auch (pop-) kulturelle, sowohl in der Literatur als auch im Film und in den Nachrichten. Das CERN als Großprojekt der Wissenschaft bietet dabei großes Inspirationspotenzial. Man merkt zum Beispiel, dass man in den Massenmedien Fuß gefasst hat, wenn man Thema einer Karikatur bei der englischen *Daily Mail* wird. So stehen im entsprechenden Cartoon die Heiligen Drei Könige vor einer Schranke mitsamt Pförtner, die zum LHC führt und der Pförtner meint telefonierend im Pförtnerhäuschen: „Ja, im Ernst. Drei schicke Burschen auf Kamelen wollen zum Gottesteilchen". Der Name Gottesteilchen stammt im Übrigen vom Titel eines Buchs des US-Physikers Leon Ledermann: *The God particle – if the universe is the answer, what is the question?* Auch der *Econo-*

mist machte das Higgs-Teilchen nach dessen Entdeckung kurzerhand zur Titelstory mit der Überschrift „A giant leap for science – finding the Higgs boson". Auf dem Cover ist ein fröhlich vor sich hinhüpfender Anzugträger vor dem Hintergrund einer Supernova zu sehen. Auf alle Fälle inspirieren der LHC und insbesondere das Higgs-Boson die Fantasie. Ein vergleichbares Ereignis, das die Menschen derart inspirierte, scheint mir die Mondlandung zu sein. Ich erinnere mich noch gut daran, als ich damals 15 Jahre alt war, was für einen Eindruck das bei mir hinterlassen hat. Nicht zu vergessen sämtliche Assoziationen in Kunst und Kultur, wie zum Beispiel Stanley Kubricks *2001 – Odyssee im Weltraum* und Science Fiction im Allgemeinen. Die Mondlandung brachte gerade junge Menschen dazu, sich für den Weltraum und die Raumfahrt zu interessieren und nach den entsprechenden Filmen zu sagen: Eigentlich schon eine klasse Sache so eine Raumstation oder die Suche nach außerirdischem Leben. So etwas kann für viele Kinder eine Initialzündung darstellen später einmal in die Wissenschaft zu gehen. Schon allein anhand der Reichweite der großen Tageszeitungen und deren Titelblätter lässt sich schließen, dass ungefähr eine Milliarde Menschen am 4. Juli 2012 die Nachricht von der Entdeckung des Higgs-Bosons verfolgt haben.

Einen nicht zu unterschätzenden Einfluss scheint das CERN auch immer wieder auf Künstler zu haben. So schaffte es der ATLAS-Detektor beispielsweise im November 2009 als Kulisse in Hector Berlioz' „Les Troyens" in die Oper in Valencia. Eine weitere nette kleine Anekdote ist die einer spanischen Lehrerin, die im Jahr 2003 am CERN Lehrerprogramm, auf das wir nachher noch einmal kurz zurückkommen werden, teilgenommen hat. Sie setzte daraufhin theoretische Konzepte, wie den sogenannten Dirac-See, Feynman-Diagramme und den Protonenaufbau durch Quarks künstlerisch um, wodurch sie in Spanien viel Beachtung erhielt. Im Jahr 2009 gründete das CERN unter Rolf Heuer schließlich ein eigenes institutionelles Künstlerprogramm unter dem Namen *„Collide @ CERN"*, wobei sich Kunst und Wissenschaft durch Kollision miteinander wechselseitig inspirieren sollen. Unter Mithilfe von externen Partnern werden dabei Künstler über einen Zeitraum von zwei bis drei Monaten ans CERN eingeladen und dort von einem wissenschaftlichen Mentor betreut. Teilnehmer waren bisher unter anderem der Künstler Julius von Bismarck, der Soundartist Bill Fontana oder der Tanzchoreograf Gilles Jobin, der dadurch zu seiner Tanzperformance QUANTUM inspiriert wurde. Von dieser wissenschaftlichen und kulturellen Schnittstelle profitieren somit auch die verschiedensten Bereiche der Kunst und geben parallel dazu den Mitarbeitern am CERN einen neuen Blick auf ihr Umfeld und ihre Arbeit.

Um die Brücke zu einem weiteren Kulturphänomen zu schlagen, denke man an Edvard Munchs expressionistisches Meisterwerk „Der Schrei". Es symbolisiert auf besondere Weise den Begriff der Angst, um die Kierkegaardsche Formulierung zu verwenden. Die Angst ist ein Faktor, der bei solchen Großprojekten wie dem LHC in der Bevölkerung immer ein wenig mitschwingt, da sie einen Kristallisationspunkt dafür bilden. Dies ist zum einen die Angst vor dem Unbekannten und vor neuem Wissen, zum anderen aber auch die Angst vor der Technologie. So gibt es immer wieder Leute, die fragen: Spielt ihr nicht vielleicht mit irgendwelchen euch gänzlich unbekannten und potenziell gefährlichen Kräften? Könnt ihr die Risiken abschätzen und was wollt ihr mit eurem Wissen überhaupt anfangen?

Zwei berühmte Beispiele sollen im Folgenden genannt werden: Antimaterie und Schwarze Mikro-Löcher. In Dan Browns Roman *Illuminati* steht das Thema *Antimaterie* im Mittelpunkt. Dort geht es um einen Geheimbund, der ein Gramm Antimaterie vom CERN stiehlt. Im Jahr 2009 wurde der Roman von Ron Howard verfilmt und ich hatte das Vergnügen dort als wissenschaftlicher Berater von Seiten des CERN mitzuwirken. Eine der Fragen, die sich stellte, war: Wie soll man eine tragbare Antimateriefalle darstellen? Im Film lässt sich das Resultat bewundern, auch wenn manches, wie die unrealistische „leuchtende Antimaterie" Gründen der Visualisierung geschuldet ist. Inhaltlich wirft der Film bei den Rezipienten oft die Frage auf, ob es nicht sein könnte, dass am CERN irgendwo im Geheimen eine Art Antimateriebombe gebaut wird. Schon allein aus praktikablen Gründen lässt sich da schnell Entwarnung geben, da es zunächst ungefähr eine Milliarde Jahre dauern würde, diese Bombe mit Antimaterie zu füllen und die Bombe anschließend auch keine stärkere Kraft als jede gewöhnliche Atombombe hätte, die im Übrigen zu Zigtausenden existieren. Auf jeden Fall hat es der Roman bzw. der Film geschafft, viele Schüler und Studenten dazu zu bringen, über Antimaterie nachzudenken und zu realisieren: Sie existiert! Darüber hinaus ist es möglich, sie zu speichern und zu untersuchen, und es stellt sich die Frage, warum man Antimaterie überhaupt erforscht. Solche Fragestellungen können also Menschen – und insbesondere Kinder und Jugendliche – an die Wissenschaft heranführen.

Antimaterie

Schon Ende des 19. Jh. wurde die Idee von Antimaterie zum ersten Mal postuliert, allerdings entwickelte erst *Paul Dirac* im Jahr 1928 im Rahmen einer relativistischen Wellengleichung für Elektronen, der *Dirac-Gleichung*, das zugrundeliegende theoretische Konzept. Zur Vermeidung der Einführung negativer Energiezustände führte er dabei die sogenannten Positronen als *Antiteilchen* zu den Elektronen ein. Dabei postulierte er nebenbei die Paarerzeugung von Elektron-Positron-Paaren. 1932 wurde das Positron schließlich in der kosmischen Strahlung experimentell nachgewiesen. Gebundene Systeme von Antimaterie wurden erstmals in Form von *Anti-Wasserstoff-Atomen* im Jahr 1995 am CERN nachgewiesen.

Antimaterie entsteht bei Teilchenprozessen, die anschaulich durch die sogenannten *Feynman-Diagramme* visualisiert werden können. Jedes Teilchen besitzt ein entsprechendes Antiteilchen mit gleicher Masse, jedoch entgegengesetzter elektrischer Ladung. Bei Aufeinandertreffen eliminieren sich Teilchen und entsprechendes Antiteilchen. Warum unsere Welt kurz nach dem Urknall überhaupt noch Materie enthielt und sich nicht gleich wieder selbst eliminiert hat, ist bis heute ein offenes Problem, dem auch am LHC am CERN nachgegangen wird und der mit dem Begriff der Verletzung der sogenannten *CP-Symmetrie* (CP steht für Charge und Parity, also Ladung und Parität) zusammenhängt. Die Frage, die sich hierbei stellt, ist, warum sich nicht sämtliche Materie und Antimaterie kurz nach dem Urknall gegenseitig vollständig vernichtet haben (den vernichteten Anteil sehen wir als kosmische Hintergrundstrahlung heute noch), sondern stattdessen ein Materieüberschuss in Form der heute zu beobachtenden Galaxien, Sterne, Planeten und Menschen übriggeblieben ist. Diese fundamentale Symmetrieverletzung im winzigen Verhältnis von eins zu einer Milliarde Teilchen wird am LHCb-Experiment mithilfe des Zerfalls von sogenannten *B-Mesonen* untersucht, die das sogenannte Beauty-Quark enthalten.

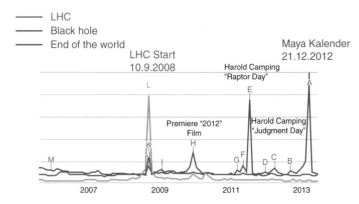

Abb. 3.1 Abfragehäufigkeit der Begriffe ‚LHC', ‚Black Hole' und ‚End of the World' laut Google Trends (© CERN)

Kommen wir noch zu den berüchtigten Schwarzen Löchern. Die *FAZ* titelte zum LHC-Start am 10.09.2008: „Verschwinden wir im schwarzen Loch?" und die *Blick*, die Schweizer Version der Bild-Zeitung, illustrierte das Ganze damit, dass der LHC in einer Art Strudel gleich komplett absorbiert wird. Ohne an dieser Stelle auf die ganze Polemik einzugehen ist es allerdings interessant, sich die Ergebnisse bei Google Trends anzuschauen, also die Statistik, wie oft gewisse Suchbegriffe in Google eingegeben werden (Abb. 3.1). Betrachtet man die Begriffe „LHC", „Black Hole" und „End of the world" stellt sich heraus, dass die Suchbegriffe „Black Hole" und „End of the world" zeitlich sehr stark mit dem Begriff „LHC" korrelieren, besonders zum Start des LHC am 10.09.2008. Weitere Häufungen für das Ende der Welt finden sich noch zum Start des Roland Emmerich Films *2012*, zum sogenannten „Raptor Day" der von einem Prediger namens Harold Camping vorhergesagt wurde, und zum 21.12.2012, dem Ende des

Maya-Kalenders. Dabei war die Suchanfrage für das Ende der Welt in Verbindung mit dem Maya-Kalender genauso hoch wie die Suchanfrage zum LHC zu seinem Start am 10.09.2008, was man schon als Popularitätserfolg verbuchen kann.

Damit aber noch nicht genug. Die Schwarzen Löcher im LHC haben es 2008 sogar bis vor das Bundesverfassungsgericht geschafft. Allerdings stellte das Bundesverfassungsgericht daraufhin Folgendes fest: „Zur schlüssigen Darlegung möglicher Schadensereignisse, die eine Reaktion staatlicher Stellen erzwingen könnten, genügt es insbesondere nicht, Warnungen auf ein generelles Misstrauen gegenüber physikalischen Gesetzen, also gegenüber theoretischen Aussagen der modernen Naturwissenschaft zu stützen". Die Formulierung trifft das Problem bei dieser Klage sehr gut: Nur weil manche Leute der unbegründeten Auffassung sind, dass laut ihrer eigenen selbstgemachten und zumeist unfundierten Theorien etablierte physikalische Gesetze nicht gelten, sollte die ganze Grundlagenforschung deswegen gestoppt werden.

Dennoch lassen solche Ängste die Medien nicht los, wie der Fernsehsender RTL 2013 bewies. Der TV-Film *Helden* hat laut einem Auszug aus der Inhaltsangabe Folgendes zum Thema: „Westlich von Genf, im größten Forschungszentrum der Welt, $ 1 Mrd. Etat, ist ein Experiment fehlgeschlagen, das die Welt aus den Angeln hebt. Wissenschaftler aus 80 Nationen haben mit der sogenannten Gottes-Maschine, dem weltweit größten Teilchenbeschleuniger, den Urknall simuliert und dabei ein Schwarzes Loch erschaffen." Die Faszination an diesen Weltuntergangsszenarien in Verbindung mit Schwarzen Löchern am LHC wird sicher noch lange Zeit nicht abreißen und entsprechend die Telefonleitungen am CERN weiterhin heiß laufen lassen.

Die Gefahr schwarzer Mikro-Löcher

Wenn es um die Sicherheit am LHC geht, fällt immer wieder der Begriff der sogenannten *Schwarzen Mikro-Löcher* oder *Micro Black Holes* (*MBHs*). Obwohl generell Schwarze Löcher nach der *Allgemeinen Relativitätstheorie* nur auf großen Skalen durch Kollaps großer Materieansammlungen, wie zum Beispiel sehr massiver Sterne entstehen, sagen spekulativere Theorien der Quantengravitation die Möglichkeit extrem kleiner schwarzer Löcher im Massenbereich von 10^{21} kg voraus. Abhängig ist die Existenz dieser MBHs allerdings von der Existenz und der Anzahl möglicher *Extradimensionen*. Die Lebenzeit solcher möglicher Objekte wäre darüber hinaus äußerst kurz, da sie aufgrund der von Stephen Hawking postulierten *Hawking-Strahlung*, in einer unbeobachtbar kurzen Zeit verdampfen sollten. Somit hätten die MBHs nicht einmal genug Zeit durch Massenakkretion zu wachsen. Aber unabhängig von allen theoretischen Argumenten ist vollkommen klar, dass Teilchenkollisionen keine kosmischen Katastrophen auslösen. Durch den Einfall *kosmischer Strahlung* in die Erdatmosphäre (oder in die Sonne oder in Neutronensterne), deren Energie die am LHC produzierten Teilchenenergien bei Weitem übersteigt, würde es extrem häufig zur Produktion von MBHs kommen. Da unsere Erde aber seit 4,5 Mrd. Jahren existiert und auch ansonsten keine interstellaren Objekte durch solche Prozesse zerstört wurden, lassen sich somit jegliche Bedenken ausräumen. Schwarze Mikro-Löcher, so sie denn überhaupt existieren, werden also am LHC nicht das Ende der Welt einläuten (Abb. 3.2).

Abb. 3.2 Computersimulation eines Events am ATLAS-Experiment, bei dem ein Micro Black Hole generiert wird (© CERN)

Das CERN als Beschleuniger der Gesellschaft

Die Frage, inwiefern das CERN einen Einfluss auf die Gesellschaft als solche hat, ist sicherlich nicht weniger interessant als die nach dem Einfluss auf die Technologie, Industrie und die vielfältigen kulturellen und künstlerischen Aspekte. Was ist in diesem Zusammenhang mit dem Begriff Gesellschaft gemeint? Zunächst geht es dabei um die Zusammenarbeit verschiedener Nationen auf der einen und verschiedener individueller Personen auf der anderen Seite. Wie funktioniert die Zusammenarbeit in solch einer großen Kollaboration wie dem CERN? Bei ungefähr zwanzig Mitgliedsstaaten, 2300 festangestellten Mitarbeitern, 1000 temporären Angestellten und 11.000 Gastwissenschaftlern erscheint dies eine große Herausforderung. Dabei stammen die 11.000 Gastwissenschaftler aus insgesamt 98 verschiedenen Nationen weltweit. Alle von ihnen arbeiten dabei friedlich ungeachtet kultureller, religiöser oder ideologischer Differenzen zusammen. Woran liegt das und warum ist das „CERN-Modell", um es einmal so zu nennen, so erfolgreich?

Zum einen liegt das daran, dass die Politik erkannt hat, dass Investitionen in wissenschaftliche Großprojekte tatsächlich eine angemessene Zeit benötigen und dabei eine gewisse Planungssicherheit bestehen muss. Dieser Fünfjahreshorizont im CERN-Modell ist unglaublich wichtig und unterscheidet sich zum Beispiel von Projekten in den USA, die nur eine jeweils einjährige Planungssicherheit bekommen. Dort kann der Kongress von einem Jahr auf das andere entscheiden, dass das entsprechende Budget um 20, 30 oder 50 % gekürzt oder gleich komplett gestrichen wird. Das ist selbstverständlich Gift für ein Projekt, das möglicherweise über 20 Jahre hinweg konzentrierte Aufmerksamkeit und Kontinuität benötigt.

Ein weiterer positiver Punkt ist der, dass die rund 11.000 Gastwissenschaftler, die nicht vom CERN bezahlt werden, aus ihren jeweiligen Ländern zusätzliche Fördermittel zum Beispiel für die Detektorkonstruktion mitbringen. Diese finanziellen Erleichterungen durch die indirekte Mitfinanzierung der entsprechenden Nationen helfen dabei enorm.

Auch die zukünftigen Mitgliedsländer, wie Rumänien, Israel (Mitgliedsland seit Dezember 2013) und Serbien, und andere Bewerber, wie z. B. Russland, die Türkei oder Brasilien, haben ein großes Interesse daran, von der entsprechenden Forschungs-Infrastruktur am CERN zu profitieren. Darüber hinaus sind sie auch an Industrieaufträgen, an der Ausbildung für ihre jungen Wissenschaftler und an den vom CERN angebotenen Lehrerfortbildungsprogrammen interessiert. Die Globalisierung am CERN schreitet somit stetig voran und seit 2005 hat sich die Anzahl der Gastwissenschaftler am CERN praktisch verdoppelt. Dazu kommt, dass es seit 2010 keine geografischen Beschränkungen mehr für die CERN-Mitgliedschaft gibt.

Aber wie funktioniert die Zusammenarbeit dieser immensen Zahl an Wissenschaftler an einem einzigen „Experiment"? Wenn man beispielsweise die LHC-Kollaborationen ATLAS und CMS betrachtet, arbeiten dort in einem einzigen Gebäude allein insgesamt 3000 Physiker aus 35 Ländern zusammen. Dabei ist eine voll funktionierende Schwarmintelligenz gefragt, bei der alle im Kollektiv denken. Das liegt daran, dass sich darunter niemand befindet, der alles über das jeweilige Experiment weiß. Das ist schlichtweg unmöglich. Es existieren bei jedem der Experimente so viele Informationen, die der hohen Komplexität geschuldet sind – zum Beispiel, wo sich ein bestimmter Detektorteil genau befindet oder wie ein bestimmtes Computerprogramm genau funktioniert –, dass man ohne eine Zusammenarbeit von vielen Personen nichts zustande bekommt. Weitere Indikatoren dafür sind die vielen Meetings, die überall stattfinden, sowie die unzähligen Blogs, Sharepoints, Facebook-Nachrichten, E-Mails, Twitter-Meldungen und Videokonferenzen. Der einzelne Forscher in einer Kollaboration entspricht sozusagen einem Neuron, während z. B. die ATLAS- oder die CMS-Kollaboration das Gehirn darstellt, in dem viele Neuronen gemeinsam über das gesamte Projekt nachdenken. Diese hochkomplexen Experimente sind einfach nicht mehr mit Einzelkämpfern zu bewältigen.

Viele Besucher aus den Vorständen der Großindustrie fragen uns oft, wie das so reibungslos funktionieren kann und ob es einen einzigen Chef gibt, der Anweisungen erteilt oder ob es eine spezielle Hierarchie unter den Mitarbeitern gibt, die zum Erfolg führt. All das gibt es nicht. Der entscheidende Punkt hierbei ist die gemeinsame Motivation der Wissenschaftler, das gemeinsame Ziel. Es gibt dabei keine direkten hierarchischen Zwänge, denn es ist für jedes Institut und jeden Forscher geradezu Ehrensache, zum Gelingen der Projekte beizutragen. Hierarchien existieren praktisch nicht. Im Allgemeinen gewinnt die beste Lösung, egal, ob sie von einem Professor, Gruppenleiter oder einem Techniker vorgeschlagen wird. Außerdem hat das Management der betreffenden Kollaboration, wie ATLAS oder CMS, so gut wie keine Exekutivgewalt. Das liegt daran, dass die meisten Wissenschaftler von einem anderen Institut in ihrem eigenen Land beschäftigt werden. All das funktioniert nicht nach dem Motto „Who get's fired when it doesn't work?", sondern geht über Überzeugungsarbeit statt über Befehle. Kulturelle Unterschiede sind ein weiteres großes Plus. So besitzt ein gewisser Kulturkreis eine für ihn spezifische Herangehensweise an ein bestimmtes Problem, das vielleicht nicht unmittelbar, sondern erst langfristig zum Erfolg führt. Andere Kulturkreise kommen dafür mit

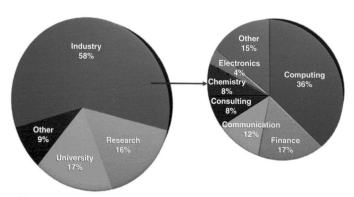

Abb. 3.3 Verteilung der Physikabsolventen auf dem Arbeitsmarkt nach einer Umfrage des CERN (© CERN)

Lösungsansätzen, von denen man wiederum unmittelbar profitieren kann. Dieses kulturelle Gemisch birgt daher viele Vorteile, auch wenn die oben genannten aus soziologischer Sicht vielleicht nicht vollständig sind. Die zielorientierte und nicht von Nationalitätskonflikten berührte Forschergesellschaft des CERN könnte damit vielleicht als Vorbild für die Weltgesellschaft des 22. Jahrhunderts dienen.

Der nächste wichtige Punkt aus gesellschaftlicher Sicht ist der Ausbildungsauftrag des CERN. Insbesondere unter den Gastwissenschaftlern haben wir eine große Häufung junger Leute in der Altersgruppe von 26 bis 30 Jahren. Dies sind die Doktoranden und jungen Post-Docs. Im Moment sind am CERN ungefähr 2500 Doktorarbeiten in Arbeit, aber nur ein knappes Drittel der Doktoranden bleibt nach ihrer Doktorarbeit in der Forschung. Der Rest geht in die Industrie oder z. B. in die Finanzbranche – Zweige, die vom impliziten Wissen der früheren CERN-Doktoranden stark profitieren (Abb. 3.3). Dieses implizite Wissen rührt aus der Arbeit in einem sogenannten *knowledge hub* an der vordersten Front der Technologie, dem CERN, her. Außerdem sind die Doktoranden Teil eines großen internationalen Teams und haben dabei eine Vielzahl von Ansätzen, Methoden und Einstellungen erlebt und sehen die Welt daher aus einer anderen Perspektive.

Darüber hinaus gibt es am CERN Programme für junge Studenten, die in ihrem zweiten oder dritten Studienjahr der Physik, den Ingenieurswissenschaften oder der Informatik sind. Während des „Sommerstudenten-Programms" besuchen etwa 250 Studenten aus 50 Ländern für 2–3 Monate Vorlesungen und arbeiten in Forschungsgruppen mit. Außerdem gibt es zweijährige Doktorandenprogramme sowie einjährige Programme für Studenten in technischen und administrativen Bereichen.

Aber nicht nur die Fachausbildung ist uns wichtig, sondern auch die Weiterbildung des „breiten Publikums", die sozusagen das Samenkorn dieses ganzen Prozesses darstellen und daher ebenso stark eingebunden werden sollen. Die Zahl der Teilnehmer an CERN-Führungen stieg dabei von ca. 25.000 im Jahr 2006 auf über 80.000 im Jahr 2012. Davon sind ungefähr 40 % Schulklassen. Das sind generell Schüler im Alter von 15 bis 18 Jahren, die dabei oft zum ersten Mal mit der Großforschung und moderner Physik in Kontakt kommen. Das Ziel von unserer Seite ist dabei nicht, den Schülern das Higgs-Boson oder die Supersymmetrie bis ins letzte Detail zu erklären, sondern vielmehr Interesse und Motivation zu wecken und zu zeigen, dass Physiker ganz normale Menschen sind, die all das hier faszinierend finden, sich dafür engagieren und keine verschrobenen weltfremden Professoren in weißen Kitteln sind.

Zur weiteren Vertiefung bietet das CERN auch an, die Schüler per Videokonferenz beziehungsweise Skype direkt im Klassenzimmer zu besuchen. Institute, die am CERN mitarbeiten, veranstalten darüber hinaus jedes Jahr in 15 Ländern an über 150 Schulen sogenannte *Masterclasses* und bringen so das CERN in die Klassenzimmer weltweit. Auch wenn wir von den 15 Mio. entsprechenden Schülern in Europa nur einen Bruchteil tatsächlich ans CERN einladen können, können wir zumindest versuchen, die Lehrer zu erreichen. In einem Zeitraum von fünf bis zehn Jahren hat nämlich ein durchschnittlicher Lehrer ungefähr 1000 Schüler. Die Teilnehmerzahl der für die Lehrer veranstalteten einwöchigen Kurse, die in ihrer jeweiligen Muttersprache abgehalten werden, ist von jährlich 30 bis 40 Anfang der 2000er Jahre auf heute ungefähr 1000 pro Jahr gestiegen. Dabei kommen die Lehrer aus aller Herren Länder. Die Erfahrung hat gezeigt, dass diese Programme dazu führen, dass die Lehrer enthusiastischer und besser informiert über die moderne Physik sprechen können und es somit schaffen, noch mehr Schüler für die Naturwissenschaften zu begeistern.

Worum ich mich am CERN zurzeit speziell kümmere ist das, was jeder erleben soll, wenn er hierher kommt, nämlich die Ausstellungen, die die Neugier der Besucher anregen sollen. Im sogenannten *Globe of Science and Innovation* haben wir eine neue Ausstellung mit dem Namen *Universe of Particles* kreiert, die ca. 65.000 Besucher im Jahr verzeichnet (Abb. 3.4). An einer Vielzahl interaktiver Stationen lässt sich herausfinden, was wir über die Physik wissen, wie der LHC funktioniert und was die Geschichte des Forschungszentrums war. Zudem lassen sich der erste WWW-Server,

Abb. 3.4   Impression aus der Ausstellung *Universe of Particles* am CERN (© CERN)

die Struktur eines LHC-Dipolmagneten oder der erste Kreis-Beschleuniger besichtigen. Ergänzt wird dies durch einen Film, der illustriert, wie das Universum entstanden ist und was das CERN zur Lösung verschiedener physikalischer Rätsel beitragen kann.

Zur Buchmesse in Frankfurt 2012 haben wir uns darüber hinaus mit der Frage beschäftigt, wie wir das breite Publikum – und selbst Kinder – dazu bringen können, sich mit dem Konzept des Higgs-Felds auseinanderzusetzen. Wie lässt sich das breite Publikum ködern, um mit ihm über bestimmte Experimente oder Fragestellungen zu diskutieren? Die Lösung war *„CERN: Der interaktive LHC-Tunnel"*. Dort wird mit Hilfe von Bewegungssensoren und verschiedenen Projektoren, wie in einem Videospiel, auf einer interaktiven Leinwand die Wirkung des Higgs-Feld um

Abb. 3.5 Protonenfußball beim interaktiven LHC-Tunnel (© CERN)

die Besucher herum simuliert. Mit dem gleichen Apparat kann auch das Konzept von Protonenkollisionen und der assoziierten Teilchenproduktion mit dem interaktiven Spiel „Protonenfußball" erklärt werden, bei dem Spieler gegeneinander antreten können (Abb. 3.5). Auf der Webseite vom *CERN MediaLab* lässt sich dies in einem Video nachvollziehen. Das Ziel dabei ist zu vermitteln, dass Physik sehr wohl Spaß machen kann. Die Besucher sind dabei fasziniert von der Bedeutung der spielerischen Möglichkeiten und wollen wissen, was eigentlich passiert, wenn man dieses einem Fußball ähnelnde Proton kickt und woher die anschließend generierten Teilchenspuren herkommen. Schon hat man die Möglichkeit, alles, was die Wissenschaftler am CERN tun, auf einfache Art und Weise zu erklären.

Alles in allem ist das CERN ohne Frage ein Beispiel für ein erfolgreiches Großprojekt der Grundlagenforschung, effektive Zusammenarbeit auf großen Zeitskalen mit ent-

4

Was Sie schon immer über das CERN wissen wollten, aber bisher nicht zu fragen wagten – eine philosophische und soziologische Perspektive

Dr. Arianna Borrelli

Dr. Arianna Borrelli hat in Rom Physik studiert und danach im Bereich der Hochenergiephysik unter anderem am Paul-Scherrer-Institut in der Schweiz und am CERN gearbeitet. Anschließend hat sie in Braunschweig Philosophie studiert und dort 2006 in Wissenschaftsgeschichte mit einer Doktorarbeit über mittelalterliche Astronomie und Kosmologie promoviert. Nach ihrer Promotion war sie wissenschaftliche Mitarbeiterin am Max-Planck-Institut für Wissenschaftsgeschichte in Berlin, wo sie unter anderem an einem Projekt über die Geschichte und die Grundlagen der Quantenmechanik beteiligt war, sowie

an der Bergischen Universität Wuppertal, wo sie Teil des
DFG-Projekt-Clusters „Epistemologie des LHCs" war.
Seit April 2014 arbeitet sie an der Technischen Universität
Berlin über die frühe Geschichte der Teilchenphysik.

Das Forschungszentrum CERN mit dem LHC ist oft in
den internationalen Schlagzeilen wegen der neuen physikalischen Art des Wissens, das dort produziert wird. Weniger
bekannt ist hingegen, wie höchst faszinierend das CERN
auch aus philosophischer Perspektive sein kann. Dies soll
Thema dieses Beitrags sein.

Im Folgenden werde ich einige Resultate eines interdisziplinären Forschungsvorhabens vorstellen, das seit dem
Jahr 2010 an der Universität Wuppertal angesiedelt ist: das
DFG-geförderte Projekt-Cluster „Epistemologie des LHC",
in dem ich mit Kollegen aus den verschiedenen Disziplinen
in den letzten Jahren zusammengearbeitet habe. Am Projekt beteiligt sind Teilchenphysiker, sowohl Theoretiker als
auch Experimentatoren sowie Philosophen und Historiker.
Gemeinsames Ziel der Forscher ist eine philosophische Betrachtung der Tätigkeiten von theoretischen und experimentellen Physikern, die am CERN oder in dessen Umfeld
arbeiten und sich mit der Suche nach dem Higgs-Boson
und nach „neuer Physik" beschäftigen. Zunächst mag man
sich fragen, was Philosophen überhaupt vom CERN lernen wollen. Mancher Philosoph, der sich mit dem spannenden Feld der Teilchenphysik beschäftigt, ist vielleicht
daran interessiert, wie die neuen physikalischen Ergebnisse
über den Ursprung der Masse, die Existenz von Extra-Dimensionen oder die Vereinheitlichung aller Grundkräfte

philosophisch gedeutet werden können. Mit dieser Art an sich höchst spannender Fragestellungen hat unser Vorhaben allerdings nicht zu tun, sondern vielmehr damit, wie Physiker ihre Forschung über den Ursprung der Masse oder die Vereinheitlichung der Kräfte überhaupt betreiben. Mit anderen Worten geht es nicht um neues physikalisches Wissen und dessen philosophische Interpretation, sondern darum, wie dieses Wissen überhaupt entsteht. Darum ist in philosophischer Hinsicht das Stichwort, das dieses Projekt bezeichnet, die „Epistemologie".

Der Begriff der Epistemologie am CERN

Was genau bedeutet der Begriff *Epistemologie*? Das ist eine bereits unter Philosophen umstrittene Frage. Zunächst kann man feststellen, dass die Epistemologie ein Zweig der Philosophie ist, der sich mit Fragen über Wissen und Erkenntnis beschäftigt. Welches genau die wichtigsten Fragen aus diesem nahezu unbegrenzten Fragenpool sind, darüber sind sich die Philosophen nicht einig, jedoch sollen einige ihrer relevantesten Vertreter genannt werden: „Wie können wir überhaupt etwas wissen?", „Wie sicher ist unser Wissen?" oder „Wie entsteht neues Wissen?". All diese Fragen kann man auch an das Alltagswissen richten, aber besonders spannend wird es – zumindest glauben das viele Forscher – wenn man sie den Naturwissenschaften stellt, weil die Naturwissenschaften besonders hohe Ansprüche an ihr Wissen stellen. Noch interessanter wird es, wenn man diese

Fragen an die Grundlagenforschung richtet, wie beispielsweise jene, die am CERN betrieben wird.

Dabei ist die Haltung der Naturwissenschaftler und insbesondere der Physiker gegenüber diesen Fragen nicht grundsätzlich offen, sondern häufig zweideutig. Ein Beispiel, das ich kürzlich von einem CERN-Theoretiker gehört habe, ist, dass mancher meint, die Philosophie produziere oft nur leere Worthülsen. So denken allerdings nicht alle Physiker – viele sind sogar sehr daran interessiert herauszufinden, was Philosophen über ihre Arbeit zu sagen haben. Dennoch nimmt mancher Physiker Abstand von den Philosophen, wenn diese zu viele Nachfragen bezüglich der Wissenssicherung stellen, was manchmal vielleicht als unbequem empfunden wird. Gerade diese Fragen sind aber für Philosophen äußerst wichtig und so entstehen bei der Zusammenarbeit immer wieder Spannungen. Wir sehen es daher als großen Erfolg in unserer Gruppe an, dass es uns möglich war, im interdisziplinären Dialog mit Physikern diese Themen zu behandeln. Im Folgenden diskutiere ich einige Fragen, die scheinbar ganz einfach sind, jedoch eine spannende philosophische, soziologische und auch ein wenig historische Perspektive auf die CERN-Forschung eröffnen. Das Projekt-Cluster „Epistemologie des LHCs" umfasst insgesamt drei Projekte:

1. Empirische Epistemologie: Die epistemische Dynamik der Modellentwicklung am LHC
2. LHC-Experimente zwischen Theoriebeladenheit und explorativem Experimentieren
3. Eine ontologische und epistemologische Analyse des Higgs-Mechanismus.

Das Projekt, an dem ich selbst gearbeitet habe und um das es in diesem Beitrag geht, beschäftigt sich mit der „empirischen Epistemologie". Die Antragsteller und Leiter des Projekts sind ein Experimentalphysiker, Prof. Dr. Peter Mättig (Universität Wuppertal), ein Wissenschaftshistoriker, Prof. Dr. Friedrich Steinle (TU Berlin) und ein Wissenschaftsphilosoph, Prof. Dr. Michael Stöltzner (University of South Carolina). Die spezifische Zielsetzung dieses Projekts war es zu verfolgen, wie und ob die Ergebnisse des LHCs das Panorama der theoretischen Physik verändern würden. Warum erschien diese Frage als philosophisch interessant? Als um 2007/2008 klar war, dass der LHC bald in Betrieb gehen würde, und die Physiker große Hoffnung in die Suche nach dem Higgs-Teilchen und nach neuer Physik setzten, ergab sich für Philosophen die einmalige Chance, die Entstehung von neuem physikalischem Wissen sozusagen „in Echtzeit" zu untersuchen: Würde das Higgs-Teilchen gefunden werden oder nicht? Würde der LHC Hinweise auf eine neue Form von Physik liefern? Wie würden Theoretiker auf die positiven oder negativen Ergebnisse der Suche reagieren? Bis dahin hatten die meisten Philosophen solche Fragen nur anhand historischer Fallbeispiele untersucht. So konnte man zum Beispiel die Entstehung der Quantenmechanik oder die Entwicklungen der Quantenfeldtheorie der 1950er und 1960er Jahre untersuchen, jedoch weiß man bei diesen historischen Fällen von vornherein, wohin das Ganze geführt hat. Das kann möglicherweise zu einem starken Bias, einem Vorbehalt, führen. Mit dem LHC bot sich jedoch die Möglichkeit, Wissen direkt bei seiner Entstehung zu untersuchen. Ebenso war es dabei möglich sich Methoden zu bedienen, die meist in der Soziologie Anwen-

Neutrinomassen, die sich in den letzten Jahrzehnten zwar als sehr klein, jedoch ungleich Null erwiesen haben, finden im Rahmen des Standardmodells keine Erklärung, sondern müssen als experimenteller Input kritiklos akzeptiert werden. Diese Lage ist weder experimentell noch theoretisch problematisch, dennoch wünschen sich viele Physiker eine Theorie zu finden, in deren Rahmen sich die Werte dieser derartig kleinen Massen aus irgendwelchen fundamentalen physikalischen Annahmen ergeben. Aus diesen und anderen Gründen versuchen Theoretiker bereits seit den 1980er Jahren Modelle für eine *„neue Physik"* zu entwerfen. Neue Physik bezeichnet in diesem Fall Theorien, die zwar über das Standardmodell hinausgehen, dieses aber miteinschließen. So umgeht man die Gefahr Beobachtungen zu widersprechen. Zu solchen Modellen gehören die *Supersymmetrie*, die *Technicolor-Theorie*, *Modelle mit Extra-Dimensionen* und auch die *Stringtheorie*, die sicher am spekulativsten ist, da sich eine Bestätigung oder Widerlegung durch Experimente nach wie vor als äußerst schwierig erweist. Um das Jahr 2008 war die Modelllandschaft äußerst breit und bunt geworden, aber es gab noch nicht genügend Hinweise, um eine Aussage darüber treffen zu können, ob und welches dieser Modelle unserer Realität entsprechen könnte.

So warteten Physiker gespannt auf den Start des LHC in der Hoffnung, Belege für oder gegen die Existenz neuer Physik zu erhalten und eventuell sogar Hinweise darauf, welches Modell dafür in Frage kommen könnte. Aus philosophischer Sicht war diese Ausgangslage sehr reizvoll und die Wuppertaler Gruppe machte sich daher daran, die Frage zu untersuchen, was Physiker im Allgemeinen von den vielen theoretischen Modellen für neue Physik halten, welche

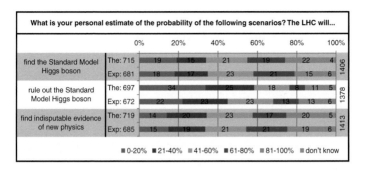

Abb. 4.1 Online-Befragung unter Theoretikern und Experimentatoren vom September 2011 zur Wahrscheinlichkeit das Higgs-Boson zu finden. An dieser Umfrage haben sich ca. 1500 Hochenergiephysiker anonym beteiligt. Die Zahlenwerte in der Statistik geben die jeweiligen Prozentwerte der Antworthäufigkeiten an (© Andreas Egger)

der sich insgesamt ca. 1500 Physiker, sowohl Experimentatoren als auch Theoretiker, beteiligten (Abb. 4.1).[1] Die Umfrage wurde im September 2011 durchgeführt. Zu diesem Zeitpunkt lagen noch keine eindeutigen Hinweise auf die Existenz des Higgs-Bosons vor. Gefragt wurde zunächst „Wie schätzen Sie die Wahrscheinlichkeit folgender Szenarien ein: Der LHC wird das Standardmodell-Higgs finden", „Der LHC wird das Standardmodell-Higgs ausschließen" und „Der LHC wird neue Physik finden". Wir haben das Higgs-Teilchen als „Standardmodell-Higgs" bezeichnet, da das Higgs-Boson eigentlich nur im Standardmodell ein einziges präzises Teilchen sein muss, während es in Modellen der „neuen Physik" gleich mehrere davon geben kann. Bei der Auswertung der Umfrage haben wir die

---

[1] Für Beratung und Unterstützung bei der Durchführung der Umfrage sind wir Prof. Dr. Cornelia Gräsel sehr dankbar (Universität Wuppertal).

Antworten von Experimentatoren und Theoretikern immer gesondert betrachtet, da beide Gruppen sozusagen für zwei verschiedene Welten stehen: Sie haben unterschiedliches Hintergrundwissen und manchmal auch unterschiedliche Einschätzungen der Forschungsziele. Jede Antwortmöglichkeit wurde farblich durch die Höhe der Wahrscheinlichkeit gekennzeichnet, mit der die Physiker glauben, dass das entsprechende Ereignis eintritt, und zusätzlich mit einem Zahlenwert, der angibt, wie viel Prozent der Leute der entsprechenden Gruppe diese Wahrscheinlichkeit geschätzt haben. Auf die Frage nach der Wahrscheinlichkeit das Higgs zu finden ergab sich bei beiden Personengruppen eine ungefähre Gleichverteilung. Bei der Frage nach dem Ausschluss des Higgs-Teilchens sah das Ganze ein wenig anders aus: Den Experimentatoren erschien dies ein wenig unwahrscheinlicher zu sein als das Higgs zu finden. Für die Theoretiker war dies um sehr viel unwahrscheinlicher, was vermutlich daran liegen mag, dass die Theoretiker sich sehr stark bewusst darüber sind, wie schwierig es ist, irgendein Phänomen wirklich mit hoher Sicherheit auszuschließen. In der Tat ist eine solche Form der Falsifizierung alles andere als einfach. Die Auswertung der dritten Frage ergab interessanterweise, dass die Physiker es für genauso wahrscheinlich hielten das Higgs-Boson oder eben eine Form von neuer Physik zu finden.

Springen wir nun zum September 2012 nach der Entdeckung und der offiziellen Bekanntgabe des Higgs-artigen Bosons vom 4. Juli 2012. Zu diesem Zeitpunkt war zwar bekannt, dass ein Teilchen nachgewiesen wurde, das dem Standardmodell-Higgs sehr ähnlich war, jedoch war die Möglichkeit noch offen, dass eine weitere Analyse der

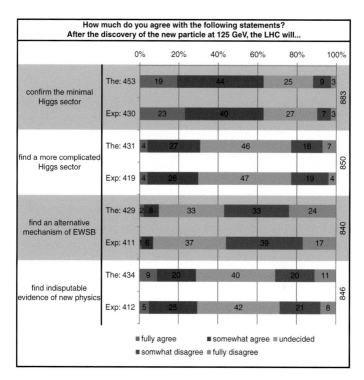

Abb. 4.2 Online-Befragung vom September 2012 nach der Entdeckung des Higgs-artigen Teilchens (© Andreas Egger)

Daten zeigen würde, dass es sich doch nicht um das Standardmodell-Higgs handelte, da die Analysen erst im Laufe des Jahres 2013 fertiggestellt wurden. Daher haben wir in einer weiteren Umfrage im September 2012 gefragt, inwieweit die teilnehmenden Physiker (dieses Mal ca. 900) einer bestimmten Aussage zustimmen würden (Abb. 4.2): „Inwiewiet stimmen Sie folgenden Aussagen zu? Nach der Entdeckung des neuen Teilchens um 125 GeV wird der LHC …

1. …das Standardmodell-Higgs bestätigen."
2. …einen komplexeren Higgs-Sektor finden."
3. …einen alternativen Mechanismus der Massenerzeugung finden."
4. …eindeutige Hinweise auf neue Physik finden."

Die Antwortmöglichkeiten variierten dabei von „stimme voll zu", „stimme teilweise zu" über „unentschieden" zu „stimme teilweise nicht zu" und „stimme nicht zu". Im Fall der ersten Frage stimmte die Mehrheit der Experimentatoren und der Theoretiker zu. Ein Jahr zuvor schien zwar die Lage des Higgs-Teilchens noch offen zu sein, aber nun, da man es gefunden hat, soll es sich dabei auch um das vom Standardmodell vorhergesagte Higgs-Boson handeln. Dass man es mit einem komplexeren Higgs-Sektor zu tun hat, halten die meisten für eher unwahrscheinlich. Für sehr unwahrscheinlich hält die Mehrheit, dass man dabei einen alternativen Mechanismus der Massenerzeugung findet, was das gefundene Teilchen als Higgs-Teilchen in Frage stellt. Zuletzt wurde die Wahrscheinlichkeit, dass es sich dabei um eine Form von neuer Physik handelt im Gegensatz zur letzten Umfrage anders geschätzt als die Frage nach der Bestätigung des Higgs-Bosons. In dieser Hinsicht ist die Lage zumindest offener geworden. Das wird bei der nächsten Frage noch etwas klarer werden, die sich speziell um die neue Physik dreht.

Modelle für eine neue Physik

Wie schon erwähnt, sind in den letzten 30 und insbesondere in den letzten 10 Jahren sehr viele Modelle für neue Physik entstanden, die auf Bestätigung oder Falsifizierung warten. Einige davon, wie insbesondere die Stringtheorie, werden von den Theoretikern weiterentwickelt, ohne dass eine experimentelle Prüfung zu erwarten wäre. Eine Frage, die sich vor allem Philosophen gestellt haben, ist, wie Physiker zu all diesen Modellen stehen. Hier ist zum besseren Verständnis der Resultate hilfreich, einen kurzen Abriss über gängige Vorstellungen von Theorieentwicklungen in der Wissenschaftsphilosophie zu geben.

Die Meinungen der Philosophen über die Art und Weise, wie sich neue Theorien in den Naturwissenschaften durchsetzen, sind sehr unterschiedlich und zu umfangreich, sie in diesem Rahmen alle aufzulisten.[2] Den meisten von ihnen ist aber die Idee gemeinsam, dass es historische Fälle gibt, in denen sich mehrere Theorien bzw. Modelle in einer Art von Konkurrenz befinden. Dabei setzen sich Wissenschaftler für ein bestimmtes Modell ein, das sie theoretisch (weiter) zuentwickeln oder experimentell nachzuweisen versuchen. Nach welchen Kriterien Wissenschaftler ihr bevorzugtes Modell wählen, ist eine Frage, die Philosophen oft beschäftigt hat, ohne dass eine endgültige Antwort gefunden worden wäre. Zum Beispiel wurde diskutiert, inwieweit die von Physikern oft erwähnte „Schönheit" bestimmter mathema-

---

[2] Ein Überblick mit weiterführender Literatur findet man in: Niiniluoto, Ilkka, „Scientific Progress", The Stanford Encyclopedia of Philosophy (Summer 2011 Edition), Edward N. Zalta (ed.), http://plato.stanford.edu/archives/sum2011/entries/scientific-progress/.

tischer Modelle tatsächlich zu deren Popularität beitragen kann. Außerdem hat man sich gefragt, ob ein Modell, dessen Voraussagen für wenige Phänomene mit großer Präzision zutreffen, besser oder schlechter gilt als eines, das eine breitere Palette an Erscheinungen mit geringerer Präzision beschreiben kann. Auf diesen Diskussionen basierend war die Ausgangshypothese unseres Projekts, dass Physiker in Bezug auf die Modelle der neuen Physik Präferenzen haben und dass man entsprechende Kriterien und deren eventuelle Veränderungen aufgrund experimenteller Ergebnisse untersuchen kann.

Kehren wir jetzt ins Jahr 2010 zurück, als wir anfingen, über die „Epistemologie des LHC" zu forschen. Aufgrund der genannten Ausgangshypothese könnte man sich nun vorstellen, dass die Community der Theoretiker sich über die Zeit hinweg stark zersplittert hatte und so immer kleine Gruppen von Theoretikern das eine oder das andere Modell bevorzugen und dabei um die Position des besten Modells kämpfen würden. Wie sich allerdings schnell herausstellte, war dies nicht der Fall. Schaut man sich die Veröffentlichungen insbesondere von jungen Theoretikern an, dann stellt man fest, dass diese häufig gleichzeitig an verschiedenen Modellen arbeiten: Mal ist es die Supersymmetrie, mal sind es Extradimensionen und oft wird auch versucht, zwei oder drei verschiedene Modellansätze miteinander zu kombinieren. Theoretiker bewegen sich ziemlich frei in diesen Modellen. Für manchen Physiker mag das vielleicht keine Überraschung sein, aber aus Sicht eines Philosophen ist es das schon. Ein Philosoph erwartet eher, dass ein Theoretiker, der ein bestimmtes Modell entworfen hat, auch um (fast) jeden Preis daran festhalten würde. Auch die Veröffentlichungen der Experimentatoren zeigen, dass sich experimentelle Gruppen darum bemühen, so viele Modelle wie möglich zu testen, anstatt sich nur auf wenige zu konzentrieren, die sie für besonders vielversprechend halten. Auch sehr spekulative Modelle werden einer empirischen Prüfung unterzogen, obwohl die Forscher selbst, die daran arbeiten, zugeben, ein positives Resultat für sehr unwahrscheinlich zu halten. Wir werden auf diesen Punkt noch zurückkommen.

Um der Frage der Einstellung der Physiker zu den Modellen weiter nachzugehen, haben wir eine Reihe von Interviews sowohl mit Theoretikern als auch mit Experimentatoren durchgeführt. Wie bereits erwähnt, wollten wir durch empirische Forschung etwas über die Präferenzen der Physiker zu verschiedenen Modelle lernen, und so stellte sich für uns die Frage, wie man diese „Präferenzen" in einem Interview konkret behandeln könnte: Sollten wir fragen, ob ein Physiker ein Modell aus dem einen oder anderen Grund abstrakt bevorzugt? Oder sollten wir eher erfragen, von welchem Modell ein Physiker meint, es habe die besten Chancen, eine experimentelle Bestätigung zu finden? Oder wäre es vielleicht besser zu fragen, an welchen Modellen der betreffende Forscher selbst arbeitet? Idealerweise sollte die Antwort auf alle drei Fragen gleich lauten und es gab viele historische Zusammenhänge, in denen dies tatsächlich der Fall war.

Wie wir sehen werden, hat sich aber die Lage im Fall der heutigen CERN-Physik als komplexer erwiesen. Nehmen wir als erstes Beispiel die Antworten von drei Theoretikern, die an unserer ersten Interview-Reihe im März-April 2011 teilgenommen haben. Der erste der drei war ein sehr erfahrener Theoretiker, der auf die Frage, ob er ein spezifisches Modell der neuen Physik gegenüber den anderen Modellen bevorzugen würde, antwortete, er habe schon an so vielen verschiedenen Ansätzen über die Jahre hinweg gearbeitet, dass er zum einen die liebenswerten Seiten vieler Theorien kannte, zum anderen jedoch auch die „Warzen", wie er es nannte. Dies sind die Teile eines Modells, die überhaupt nicht oder zumindest nicht auf eine „schöne" Art und Weise funktionieren. So würde es ihm schwer fallen, ein Modell gegenüber allen anderen zu bevorzugen. Die Idee der Supersymmetrie finde er zwar besonders attraktiv, jedoch sei dies kein Grund, zu glauben, dass sie am LHC belegt werden würde. Solche Aussagen zeigen, dass dieser Theoretiker keine wirklichen Präferenzen hat. Diese eher distanzierte Einstellung ist sicher auch seinem breiten Erfahrungsschatz geschuldet. Auf die Frage, worüber er jetzt arbeite, meinte er, dass er momentan nicht mehr im Bereich von Modellen der neuen Physik, sondern des Standardmodells tätig wäre.

Beim zweiten Theoretiker ergab sich Ähnliches. Auch dieser hatte schon sehr viel Forschungserfahrung gesammelt und erzählte, dass er im Bereich der Supersymmetrie und der Superstrings gearbeitet hatte. Schließlich widmete er aber mehr als die letzten 20 Jahre seiner Forschung vollständig der Arbeit am Standardmodell. Seiner Meinung nach ist man immer noch sehr damit beschäftigt, das Standardmodell vollständig zu verstehen. Zugleich meinte er aber, dass die Supersymmetrie ein unglaublich schönes Modell sei und man fast denken könnte, es sei unmöglich, dass die Natur so eine Schönheit nicht realisiert hat, was aber wiederum kein Grund sei, sie am LHC zu erwarten. Eine gewisse Ablehnung seinerseits ist jedoch zu den eher abenteuerlichen Modellen festzustellen, wie zum Beispiel zu denjenigen, die die Existenz von Extra-Raumdimensionen annehmen.

Der dritte Theoretiker war jünger als die ersten beiden und hatte sich auf den Bereich der Bildung von spekulativen Modellen spezialisiert. Er erzählte, dass er an vielen Modellen mit Extradimensionen arbeitet und sich in letzter Zeit auch zunehmend für die Arbeit an Modellen mit sogenannter elektroschwacher Symmetriebrechung interessierte. Nachdem er ein wenig über die Eigenschaften der Modelle, an denen er arbeitete, berichtet hatte, fragte ich ihn, ob er der Meinung sei, dass man eines davon wahrscheinlicher am LHC finden werde. Darauf antwortete er sehr eindeutig: „Nein, ich versuche nur zu sehen, in welchem Feld ich mit meinen Fähigkeiten etwas Neues beitragen kann." Dies ist ein sehr wichtiger Punkt für einen Theoretiker. Ihre Arbeitsentscheidungen sind sehr häufig damit verbunden, was sie gut können und was nicht. Darüber hinaus besteht unter ihnen eine sehr große Distanzierung von den verschiedenen Modellen, auch wenn sie vielleicht das eine etwas attraktiver finden wie das andere. Auch dieser dritte Theoretiker erklärte, dass die Schönheit eines Modells, die sicherlich oft zu spüren ist, keineswegs bedeuten würde, dass dieses Modell etwas mit der Natur zu tun haben muss.

Sollte man schon von dieser Erkenntnis überrascht sein, dann ist das noch mehr der Fall bei den Experimentatoren: Bei ihnen ist die häufigste Reaktion auf die Frage nach der Bevorzugung des einen oder anderen Modells eine strikte Ablehnung von Präferenzen, da diese als sogenannter Bias oder Voreingenommenheit wahrgenommen werden. Die folgenden Beispiele für Aussagen von Experimentatoren sind stark repräsentativ für das gesamte Sample.

Der erste Experimentator meinte: „Ich bin sehr skeptisch und ich habe keine bevorzugte Theorie oder ein bevorzugtes Modell. Ich will zwar über alles ein wenig Bescheid wissen, allerdings ist das, was ich schlussendlich wirklich tue, zu sehen, was die entsprechende Theorie unter dem Strich wirklich aus- und vorhersagt und ob ich das in meinem Detektor beobachten kann."

Die Aussage des zweiten Experimentators ähnelt dem sehr, insbesondere auf die Frage, ob er irgendein besseres Modell im Kopf hätte: „Nein, nicht wirklich. Am ehesten habe ich eine vage Ordnung im Kopf. Es ist nicht so, dass ich nur an eine Sache glaube und das war's dann. Als Experimentator schaue ich mir die Dinge eher auf Basis der entsprechenden Signatur als auf Basis des Modells an." Das bedeutet, dass man bei bestimmten Phänomenen meist nach Abweichungen von Vorhersagen des Standardmodells sucht. Die Abweichungen sind zunächst modellunabhängig, erst wenn sie auftreten, kann man die Frage nach den Modellen wieder genauer untersuchen.

Am Interessantesten ist vielleicht die Aussage des dritten Experimentalphysikers. Er gibt zwar zu, dass er die Supersymmetrie sehr mag. Jedoch fügt er umgehend hinzu, dass dies nur sein persönlicher Geschmack sei und nichts mit Wissenschaft zu tun habe. Er ergänzt: „Wir sind Experimentalphysiker: Wir nehmen jeglichen Input von unseren Freunden aus der Theorie auf – und die produzieren zig, wenn nicht sogar hunderte Modelle – und betrachten sie eingehend und von Grund auf, obwohl manche vielleicht beliebter oder bekannter sein mögen." Ein Experimentator testet also seiner Meinung nach völlig unvoreingenommen jegliches Modell.

Diese Aussagen sind für einen Philosophen schwer verdaulich. Auf der einen Seite ist es zwar klar, dass ein Experimentator kein bevorzugtes Modell hat, auf das er jegliches Experiment hinsteuert, weil ein solches Verhalten schlichtweg schlechte wissenschaftliche Praxis wäre. Auf der anderen Seite muss man schließlich irgendwie Entscheidungen treffen, denn bei der enormen Vielzahl von Modellen kann man unmöglich alle testen. Außerdem muss man für ein Experiment, und erst recht an einem so komplexen wie dem LHC, von Anfang an auch einige konkrete theoretische Annahmen treffen. Von daher ist dieses Ergebnis aus philosophischer Sicht äußerst interessant. Aus Sicht eines Physikers wiederum mag das etwas weniger überraschen, wie zum Beispiel bei der Präsentation unserer Ergebnisse am CERN. Dort kommentierte dies schließlich jemand aus dem Publikum so, dass er nicht verstehe, wie man sich so sehr über eine Distanz zu diesen Modellen wundern könne, da man bei der heutigen Modellvielfalt gar nicht erst eine Modellpräferenz haben könne. Man mag dem zustimmen oder nicht, aber sowohl diese Aussage als auch die Ergebnisse der Interviews sind ein spannender Spiegel der vorherrschenden Ansichten. Interessant ist auch die Tatsache, dass diese Resultate in einiger Hinsicht den Ideen von Wissenschaftssoziologen entsprechen. Diese Autoren sehen die Dynamik der Entwicklung der Physik nicht als einen Prozess der „Auswahl" zwischen konkurrierenden Modellen, sondern als Resultat des Zusammenwirkens verschiedener Faktoren, die sich nicht als „Präferenzen" oder „Auswahlkriterien" fassen lassen. Zum Beispiel können die unterschiedlichen technischen Fähigkeiten der Forscher dafür entscheidend sein, ob sie an dem einen oder anderen Modell arbeiten: Sie setzen sich für jene physikalische Ansichten ein, die ihnen die besten Aussichten bieten, auch künftig Ihre Fähigkeiten dort einzusetzen.[3] Die Tatsache, dass Experimentatoren ungern bestimmte Präferenzen zugeben, passt außerdem zu der Auffassung der Wissenschaftssoziologin Karen Knorr-Cetina, wonach in einer großen Kollaboration wie jener am LHC Entscheidungen nie auf individuellem Niveau gefällt werden, auch nicht auf der Ebene der Kollaborationsleiter, sondern immer als Resultat eines Prozesses der politischen Einigung erfolgen, an dem alle den Eindruck haben müssen, sich beteiligt zu haben.[4]

Obwohl man gesehen hat, dass sehr viele Modelle existieren und die meisten Physiker, insbesondere die Experimentatoren, keine bestimmte Präferenz zu haben scheinen, war es uns trotzdem wichtig die Physiker zu fragen, welches der Modelle sie für am Geeignetsten halten neue Physik zu erklären. Die entsprechenden Ergebnisse entstammen dabei wieder der Online-Umfrage vom September 2011 (Abb. 4.3). Die Frage war: „Wenn der LHC neue Physik findet, welches Modell wird sie am besten erklären?" Zur Auswahl standen dabei „zusätzliche Higgs-Bosonen", „Supersymmetrie", „Extra-Dimensionen", „dynamische elektroschwache Symmetriebrechung", „eine vierte Fermionengeneration", „Z", „Little Higgs", „Stringtheorie", „andere", „keins davon, sondern etwas völlig unerwartetes"

---

[3] A. Pickering, Constructing quarks. *A sociological history of particle physics* (Chicago: University of Chicago Press, 1984).
[4] Karin Knorr-Cetina, *Epistemic cultures: how the sciences make knowledge* (Cambridge MA: Harvard University Press, 1999).

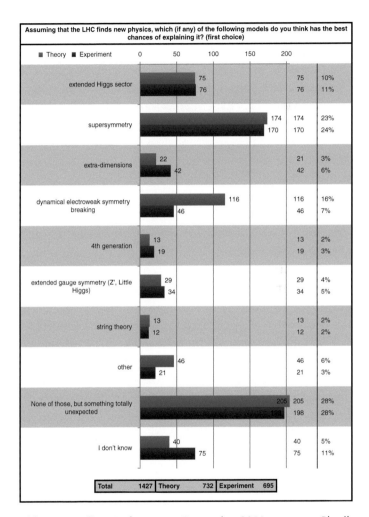

Abb. 4.3 Online-Umfrage vom September 2011 zur neuen Physik am LHC. Die erste Prozentzahl bezeichnet dabei die Antworten der Theoretiker und die zweite die der Experimentatoren (© Andreas Egger)

und „ich weiß es nicht". Die relative Mehrheit, sowohl 28 % der Theoretiker als auch der Experimentatoren, sprach sich 2011 dabei für die Option „keins davon, sondern etwas völlig Unerwartetes" aus. Das zeigt, wie offen die Erwartungen zu Beginn des LHC-Experiments waren und wie wenig sich die Physiker an die existierenden Modelle gebunden fühlten. Unter den konkreten Modellen sprach sich die relative Mehrheit für die Supersymmetrie aus. Dies ist nicht sonderlich verwunderlich, da die Supersymmetrie das bekannteste Modell darstellt und auch das, an dem die meisten Theoretiker arbeiten. Gefolgt wird dieses Modell von der *dynamischen elektroschwachen Symmetriebrechung*, mit dem allerdings hauptsächlich die Theoretiker sympathisierten. Nichtsdestotrotz ist es äußerst beachtenswert, dass sich die meisten zu diesem Zeitpunkt für etwas völlig Unerwartetes ausgesprochen haben. Allerdings passt dies auch sehr gut zu der beobachteten Distanzierung von konkreten Modellen.

Die Umfrage wurde im September 2012 wiederholt (Abb. 4.4): Was hatte sich nun nach der Entdeckung des Higgs-Teilchens geändert? Die Mehrheit bevorzugte danach die Supersymmetrie, während die Hoffnung nach der Entdeckung von etwas völlig Unerwartetem ein wenig zurückgegangen war. Was sich jedoch stark geändert hatte war die Option „ich weiß es nicht", die dieses Mal weitaus mehr Stimmen wie noch im Jahr 2011 erhielt. Im direkten Vergleich (Abb. 4.5) wird dies gut illustriert: Unter den Theoretikern hat der Prozentsatz für diese Antwort um 13 % bezüglich der Gesamtzahl der Antworten zugenommen, bei den Experimentatoren um 12 %, was einer eindeutigen Signifikanz entspricht und suggeriert: Jetzt sind die Karten

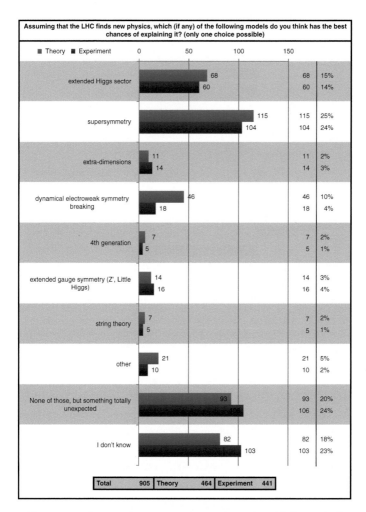

Abb. 4.4 Online-Umfrage vom September 2012 (d. h. nach der Higgs-Entdeckung) zur neuen Physik am LHC (© Andreas Egger)

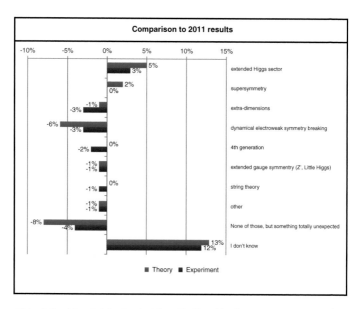

Abb. 4.5 Vergleich der beiden Online-Umfragen zur neuen Physik mit den entsprechenden prozentualen Abweichungen in den Antworten (© Andreas Egger)

neu gemischt worden. Auch wenn die Zu- bzw. Abnahme der Stimmen um wenige Prozentpunkte bei den konkreten Modellen keine starke Signifikanz bedeutet, so zeigt es doch eine Tendenz: Die „traditionellsten" Modelle, die am wenigsten spekulativ sind und die das Standardmodell unmittelbarer erweitern, haben etwas an Attraktivität gewonnen. Das betrifft Modelle mit zusätzlichen Higgs-Bosonen und die Supersymmetrie. Die anderen spekulativeren Theorien, die vorrangig in den letzten 10 Jahren entstanden sind, haben dagegen an Attraktivität eingebüßt.

Die Physiker sind keineswegs bereit, die Möglichkeit einer neuen Physik aufzugeben, setzen aber verstärkt auf zeiterprobte Modelle, hinter denen seit mehreren Jahrzehnten eine große Forschungsgemeinschaft steht. So hatte im Jahr 2012 die Supersymmetrie viel Zuspruch erhalten, obwohl keine Spur davon am LHC gefunden worden war: Aufgrund dieser anscheinend widersprüchlichen Lage haben wir gegen Ende 2012 eine zweite, kleinere Runde an Interviews durchgeführt, bei der wir gezielt Theoretiker befragt haben, die an Theorien der Supersymmetrie forschen, und sie um ihre Einschätzung der Lage gebeten. Insbesondere haben wir gefragt, ob die LHC-Ergebnisse etwas an ihrer Arbeit geändert hätten und, wenn ja, inwiefern. Die Antworten fielen gemischt aus: Zunächst meinten die Theoretiker, es hätte sich im Grunde nichts an ihrer Arbeit geändert. Einer fügte aber auch hinzu: „Wir erwarteten die Supersymmetrie am LEP zu sehen – und sie war nicht da. Dann wurde sie am Tevatron-Experiment erwartet – sie war nicht da. Jetzt erwarteten wir sie am LHC – und sie war wieder nicht da. [...] Für mich persönlich war dies frustrierend, aber ich bin nicht völlig verzweifelt." Ein anderer Theoretiker, in diesem Fall eine Theoretikerin, meinte sehr pragmatisch: „Zur Zeit ist die Supersymmetrie das beste theoretische Modell und wir können diese Theorie nicht so einfach aufgeben, bevor wir nicht einen Ersatz dafür gefunden haben." Daher argumentieren Theoretiker im Moment, dass vielleicht die Supersymmetrie bei noch höheren Energien als denjenigen auftritt, die in der ersten LHC-Phase untersucht wurden. Die höheren Energien beim bevorstehenden Upgrade des Beschleunigers könnten dann den entscheidenden Unterschied machen.

Theoretiker vs. Experimentatoren

Zuletzt soll der Punkt der Zusammenarbeit zwischen Experimentalphysikern und Theoretikern näher beleuchtet werden. Obwohl in den letzten Jahrzehnten diese beiden Gruppen nie völlig unabhängig voneinander gearbeitet haben, so gab es doch immer eine gewisse Anzahl an Theoretikern, die arbeiten konnten, ohne zu viel Rücksicht darauf zu nehmen, was die Experimentatoren tun und umgekehrt. Für die Experimentatoren beispielsweise waren präzisere Berechnungen der Vorhersagen des Standardmodells weitaus wichtiger, als das, was sich im Umfeld der Modellbildung entwickelt hatte.

In diesem Zusammenhang haben wir in der Online-Umfrage von 2011 gefragt, welchen Aussagen über die Zusammenarbeit zwischen diesen beiden Gruppen die Befragten zustimmen und welchen nicht (Abb. 4.6a). Die Antworten waren dabei „stimme völlig zu", „stimme teilweise zu", „unentschieden", „stimme teilweise nicht zu" und „stimme überhaupt nicht zu".

Die erste Aussage lautete „Es gibt sehr viel Dialog zwischen Experimentatoren und Theoretikern hinsichtlich der LHC-Physik." Von beiden Seiten gibt es dabei ein hohes Maß an Zustimmung, insgesamt knapp 75 % bei den Theoretikern und knapp 80 % bei den Experimentalphysikern. Trifft man aber nun etwas distinguiertere Aussagen, sieht das Stimmungsbild sofort ein wenig anders aus. Die zweite Aussage war, ob Theoretiker völlig darauf vorbereitet sind, mit neuen LHC-Daten konfrontiert zu werden. Von beiden Seiten ist dabei die Zustimmung schon deutlich kleiner und zwar in ungefähr gleichem Maße. Somit zweifeln nicht

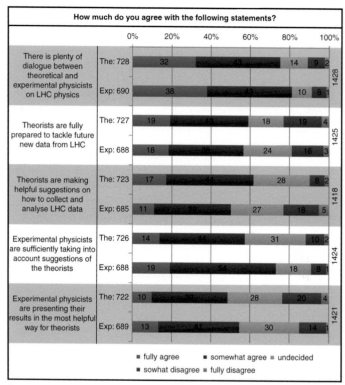

a

Abb. 4.6 **a** Online-Befragung vom September 2011 zur Zusammenarbeit zwischen Theoretikern und Experimentatoren. **b** Online-Befragung vom September 2012 zur Zusammenarbeit zwischen Theoretikern und Experimentatoren (© Andreas Egger)

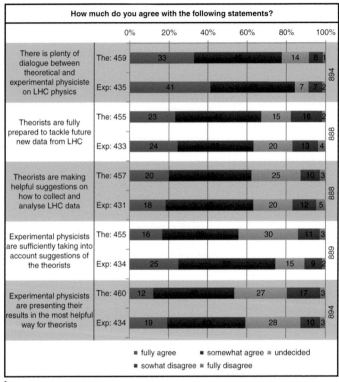

b

Abb. 4.6   (Fortsetzung)

nur die Experimentatoren an den Theoretikern, sondern die Theoretiker auch an sich selbst. Die nächsten Aussagen wurden in dieser Hinsicht noch interessanter: „Theoretiker machen hilfreiche Vorschläge zur LHC-Datenerhebung und -analyse." An dieser Stelle gehen die Meinungen der Theoretiker und der Experimentatoren stärker auseinander. Etwas mehr als 60 % der Theoretiker sind zwar der Meinung, dass sie hilfreiche Vorschläge machen, jedoch sind 28 % von ihnen unentschieden und es gibt auch einige, die glauben, dass das überhaupt nicht der Fall ist. Bei den Experimentatoren stimmen dabei nur 50 % mehr oder weniger zu. Bei der Frage, ob im umgekehrten Fall die Vorschläge der Theoretiker von den Experimentalphysikern gut berücksichtigt werden, zeigt sich der andere Fall: Die Experimentatoren stimmen dabei weitestgehend zu, während die Theoretiker sich mit ihrer Zustimmung etwas stärker zurückhalten.

Zum Schluss noch eine etwas technischere Aussage, die evaluieren soll, ob die Präsentation der Daten von Experimentatoren für Theoretiker als hilfreich angesehen werden. Diese Fragestellung erwuchs aus der Tatsache, dass die veröffentlichten Ergebnisse der LHC-Kollaborationen nie aus Rohdaten bestehen, sondern immer schon eine gewisse Voranalyse stattgefunden hat. Zu Anfang gab es dabei häufig Beschwerden von Theoretikern, die meinten, dass sie die Daten nicht für den Vergleich mit einem Modell ihrer eigenen Wahl adäquat verwenden können. Dieses Problem lässt sich nicht komplett lösen, da die Experimente schlichtweg zu komplex sind, um jemals von „Rohdaten" sprechen zu können. Die Experimentatoren waren aber bezüglich der Gesamtsituation etwas optimistischer als die Theoretiker, die zwar zur Hälfte zufrieden waren mit der Datenpräsentation, jedoch dabei etwas mehr Verbesserungsbedarf sahen.

Schließlich ist der Vergleich interessant, der sich bei dieser Umfrage zwischen den Jahren 2011 und 2012 nach Entdeckung des Higgs ergeben hat (Abb. 4.6). Im Falle der ersten Aussage bezüglich des Dialogs zwischen beiden Gruppen ist immer noch alles unverändert im grünen Bereich. Bei den restlichen Punkten jedoch lässt sich eine kontinuierliche Verbesserung der Zusammenarbeit zwischen Theoretikern und Experimentatoren feststellen. Vor allem bei der zweiten Aussage, inwiefern die Theoretiker bereit sind mit neuen Ergebnissen konfrontiert zu werden, zeigt sich anhand der Ergebnisse, dass sie viel selbstsicherer geworden sind und auch die Experimentatoren mehr Vertrauen in die Theoretiker gewonnen haben. Besonders frappierend ist diese Verbesserung bei der dritten Aussage bezüglich dessen, wie hilfreich die Vorschläge von Theoretikern zur Datenerhebung und -auswertung sind. Dort haben sich die Meinungen beider Gruppen stark einander angepasst. Man sieht dabei, dass sich innerhalb eines Jahres viel geändert hat, insbesondere in Hinblick darauf, dass Experimentatoren Theoretiker als deutlich hilfreicher wahrnehmen. Umgekehrt hat sich zwar wenig geändert, es hat sogar eine gewisse Polarisierung bezüglich der Aussage, wie weit Experimentalphysiker sich Vorschläge der Theoretiker zu Herzen nehmen, stattgefunden. Alles in allem jedoch ist eine klare Verbesserung der Zusammenarbeit zu beobachten, die auch aktiv im Falle der ATLAS und CMS Kollaborationen gerade in Hinblick auf die Ratschläge der Theoretiker zu den LHC-Daten angegangen wird. Schließlich zeigt sich, dass nach dem ersten Lauf am LHC die Zusammenarbeit zwischen Theoretikern und Experimentatoren so richtig in Fahrt gekommen ist.

Anhand all dieser Analysen zeigt sich ein äußerst spannendes Bild einer Großforschungseinrichtung, die auch im aus Sicht der Physik fremdartigen Bereich der Epistemologie interessante Einblicke nicht nur in die Zusammenarbeit von Theoretikern und Experimentatoren zulässt, sondern anhand dessen man auch viel über die wissenschaftliche

Erwartungshaltung und Modellbildung mittels Echtzeit-analysen lernen kann. In den nächsten Jahren wird am LHC noch viel geschehen und unser Verständnis der Generierung von neuem Wissen wird sicherlich noch das ein oder andere Mal überraschende Wendungen erfahren.

5

Quarkmaterie – ein neues Forschungsgebiet am CERN

Prof. Dr. Reinhard Stock

Prof. Dr. Reinhard Stock hat an der Universität Heidelberg Physik studiert und dort über Schwerionenreaktionen promoviert. Danach beschäftigte er sich als Post-Doc an der University of Pennsylvania mit Biophysik. Von 1985 bis zu seiner Emeritierung im Jahr 2004 war er Professor am Institut für Kernphysik an der Universität Frankfurt, das er zeitweise auch leitete. Während dieser Zeit führte er grundlegende Experimente im Bereich der Schwerionenphysik in Berkeley und am CERN durch. Darunter auch das NA49-Experiment, an dem in den 1990er Jahren der experimentelle Nachweis des Quark-Gluon-Plasmas gelang. Von 1999 bis 2004 war er Vorsitzender des Wissenschaftlichen Rats am GSI in Darmstadt. Seit 2007 ist er Fellow am Frankfurt Institute for Advanced Studies (FIAS). Reinhard Stock wurde vielfach mit Preisen ausgezeichnet, darunter der Leibniz und der Lise-Meitner-Preis.

Aus Sicht des CERN war die sogenannte *Quarkmaterie* vor allem eines: ein Exot. Deswegen war sie auch nicht von Anfang an Teil der Standardagenda der Elementarteilchenphysik am Forschungszentrum. Dieser Exotenstatus war in vielerlei Hinsicht problematisch. Zum Beispiel waren die Unterstützer des Themengebiets, zu denen ich selbst zählte, Universitätsprofessoren mit begrenzten finanziellen Mitteln und begrenzter Mobilität. Dennoch sollte sich dieses neue Forschungsthema schließlich langfristig am CERN durchsetzen, was dem Bundesministerium für Bildung und Forschung und seinem Förderprogramm der sogenannten „Verbundforschung" in Deutschland zu verdanken war. Dadurch wurden uns zur Zeit der Referatsleitung unter Dr. Hermann Schunck finanzielle Mittel in Höhe von ungefähr 20 Mio. Mark für die entsprechenden Experimente am CERN in Aussicht gestellt. Dies betraf eine lange Zeitspanne, mit drei Generationen aufeinander aufbauender Experimente. Auch die Max-Planck-Gesellschaft und das GSI in Darmstadt haben bei dieser Unternehmung intensiv mitgewirkt. So war es schließlich möglich, von der vergleichbar kleinen Basis einer Universität aus ein anspruchsvolles Experiment am CERN zu etablieren, und dazu eine Kollaboration zu gewinnen, die aus ungefähr 150 Physikern bestand, was immerhin fast 10 % der Mitarbeiter an den LHC-Experimenten entspricht. Zum Auftakt der Erforschung von Materieformen der *Quantenchromodynamik* (QCD) am CERN im Jahr 1985 gab es weltweit schon sechs Experimente ähnlicher Größe.

Faszination Quarkmaterie

Wo liegt nun die wissenschaftliche Faszination am Forschungsbereich der Quarkmaterie, die einen solchen Aufwand an Experimenten plausibel machte? In diesem Fall geht es nicht um die Struktur der Elementarteilchen und ihrer fundamentalen Wechselwirkungen, sondern vielmehr um die Entstehung der Materie im Frühstadium der kosmologischen Evolution. Die uns vertraute Materie besteht letzten Endes aus Protonen und Neutronen, sogenannten baryonischen Zuständen. Ein wunderbares Beispiel für die Architektur der gravitativen Wechselwirkung, ein Riesen-Objekt aus Protonen und Neutronen, findet man in Form von Galaxien. Dabei befindet sich in einer typischen durchschnittlichen Galaxie, wie unserer Milchstraße, ungefähr ein Zehnmilliardstel der Materie des Universums. Im Umkehrschluss bedeutet dies, dass sich grob zehn Milliarden solcher Galaxien im Universum befinden mit insgesamt ungefähr 10^{78} Protonen. Die Frage, wie diese unglaublich große Anzahl an Protonen entstanden ist, führt uns schließlich zurück zum Urknall und den Eigenschaften der Quarkmaterie, in einem charakteristischen Stadium kurz nach dem Big Bang. Dort bildete sich in einem sogenannten *Phasenübergang* die bis heute stabile Proton-Neutron-Materie. Die in Frage kommende Zeitskala beläuft sich dabei auf wenige Mikrosekunden. Nach dieser äußerst kurzen Zeitspanne ist weder auch nur ein einziges Proton verschwunden, noch ist eines dazugekommen. Somit entstammen auch alle 5×10^{29} Protonen, aus denen jeder von uns besteht, aus diesem Prozess, in dem sich einzelne „Kügelchen" von heißer Urmaterie stabilisieren. Allerdings hat jedes einzelne davon schon viel mitgemacht und ist auch schon durch die eine oder andere Supernova geschleust worden. Die eben erwähnte Galaxie ist nun eine der ausgedehntesten Formen dieser Art von massebehafteter Materie. Seit der Entdeckung des Higgs-Teilchens wissen wir auch, wie die Quarks im Inneren der Protonen und Neutronen zu ihrer Masse kommen. Diese ist übrigens einige hundertmal kleiner als die Nukleonenmasse, die also nicht von der Massensumme der Quarks stammt, sondern aus der Energiedichte ihrer starken Kraftfelder: ein Stückchen Urknall-Materie. Es bleibt an dieser Stelle anzumerken, dass eine Galaxie nicht nur aus der so zustande gekommenen Massen-Energie der Nukleonen besteht. Wir wissen aus den Rotationskurven von Galaxien, dass sich diese Rotationsdynamik nicht ausschließlich mit der von uns beobachteten Materieform (der baryonischen Materie) erklären lässt, sondern dass da noch etwas anderes sein muss, das dieses Gravitationsphänomen zu erklären vermag. Dies legte den Grundstein zum Postulat der sogenannten Dunklen Materie, deren Dynamik die baryonische, leuchtende Materie der Protonen und Neutronen mit sich zieht.

Wie kommen wir nun schließlich auf die Idee, dass wir überhaupt etwas über die Entstehung der baryonischen Materie sowohl experimentell als auch theoretisch aussagen können? Dies liegt zunächst einmal am sogenannten *Hubble-Plot*, der einen der Grundsteine der Kosmologie darstellt. Der Hubble-Plot zeigt die Abstände von der Erde zu verschiedenen Galaxien, welche gegen die sogenannte Rotverschiebung, und damit die Fluchtgeschwindigkeit aufgetragen sind (Abb. 5.1). Das zugehörige Hubble-Gesetz besagt: Je weiter eine Galaxie entfernt liegt, umso schneller

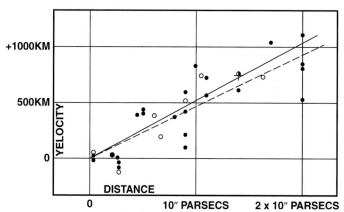

Abb. 5.1 Originalplot Edwin Hubbles der Fluchtgeschwindigkeit der Galaxien in Abhängigkeit von ihrer Entfernung zur Erde. Die Gerade legt dabei die sogenannte Hubble-Konstante fest, die eine der Grundgrößen der Kosmologie darstellt. (© *The Proceedings of the National Academy of Sciences,* Volume 15: March 15, 1929: Number 3)

entfernt sie sich von uns und umso schwächer kommt ihr Licht bei uns an. Dieses universelle Gesetz legt als Proportionalitätsfaktor die sogenannte *Hubble-Konstante* fest, die die sogenannte *Hubble-Expansion* bestimmt. Unser Universum expandiert. Die sogenannten *Einstein-Friedmann-Gleichungen* beschreiben in der Tat diese Expansion gemäß der Allgemeinen Relativitätstheorie.

Die fundamentale Erkenntnis Hubbles führt weiterhin auf das Alter des Universums von ungefähr 13,7 Mrd. Jahren (Abb. 5.2). Nun wollen wir uns die kosmologische Expansion in umgekehrter Richtung vergegenwärtigen. Diese Rückverfolgung der Expansion zu ihrem Ursprungszustand (durch die Reversibilität der Friedmann-Gleichungen)

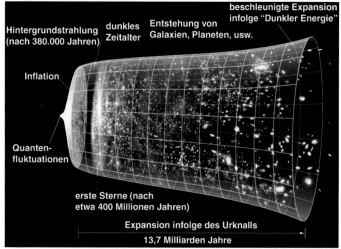

Abb. 5.2   Schematische Darstellung des Urknallmodells (© NASA)

führte wenig später, über die Entdeckung Hubble's hinaus, zur Postulierung der *Urknallsingularität*. An dieser sogenannten Singularität wird schließlich die Energiedichte des Universums unendlich groß. Solche Singularitäten widersprechen unserer physikalischen Intuition, und in der Tat ändert die Quantentheorie dieses Bild, indem sie eine Grenze der klassischen Zeitskala postuliert, unterhalb derer man keine scharfe Längen- oder Zeitdefinition bekommen kann. Diese allererste Phase des Urknalls ist noch ungeklärt. Lässt man die Zeit wieder in gewohnter Richtung laufen, so zeigt das „Standardmodell der Kosmologie", dass das Universum expandiert und sich dabei abkühlt. Im Zuge dessen kommt es zu einer Strukturdifferenzierung, von Quarks zu Nukleonen, zu Kernen und Atomen, über interstellare Gaswolken zu Sternen und Galaxien und schließlich auch zur

Bildung von Leben auf der Erde. Umgekehrt bedeutet das: Je weiter man in der Zeit zurückgeht und je kleiner, dichter und heißer das Universum dabei wird, verschwindet immer mehr Strukturdifferenzierung, bis wir bei einem Ur-Plasma aus Quarks und Gluonen angelangt sind.

Eine kurze Geschichte des Big Bang

Die Geschichte des Urknalls (engl.: *big bang*) ist nicht nur für die Kosmologie von großer Relevanz, sondern auch für die Teilchenphysik, da sie enorm wertvolle Aufschlüsse über fundamentale Teilchensymmetrien und vor allem auch über die Entstehung der Teilchenarten und deren Verhalten bei hohen Energien liefert. Darüber hinaus ist sie auch für die Natur von dunkler Energie, des Higgs-Mechanismus und Quantenfluktuationen im frühen Universum relevant.

Der Urknall, der zuerst im Jahr 1931 von Georges Lemaître, einem Astrophysiker und denkwürdigerweise Priester und Theologen, postuliert wurde, gilt als mittlerweile fundierter Grundpfeiler des Standardmodells der Kosmologie. Zwar entspricht der Zeitpunkt des Urknalls mathematisch einer Singularität, weswegen Aussagen über diesen Moment selbst nicht getroffen werden können, allerdings lässt sich ab dem Zeitpunkt der sogenannten *Planck-Zeit* $t_p \approx 5{,}39 \times 10^{-44}$ s, unterhalb der eine Theorie der *Quantengravitation* vonnöten wäre, die sämtliche Entwicklung des Universums aus Beobachtungen ableiten. Den wichtigsten empirischen Nachweis hierfür bietet neben dem von Edwin Hubble 1929 beobachteten Auseinanderdriften der Galaxien die im Jahr 1964 von Arno Penzias und Robert Wilson beobachtete *kosmische Hintergrundstrahlung* (*CMB = cosmic microwave background*). Diese wird zum einen von der Urknalltheorie vorhergesagt und schafft es darüber hinaus, eine Vielzahl kosmologischer Parameter zu bestimmen, die zum Beispiel Aussagen über die Bildung von großflächigen Strukturen und die Eigenschaften der Dunklen Materie zulassen.

Zunächst lassen sich schon über die sogenannte Hubble-Expansion Rückschlüsse auf das Alter des Universums ziehen, wonach der Urknall vor 13,7 Mrd. stattgefunden hat. Das frühe

Universum ist von besonderem Interesse für die theoretische Teilchenphysik, da dort zum einen von einem vereinheitlichten Zustand der Quantengravitation ausgegangen wird und zum anderen von einer Grand Unified Theory (GUT) der elektromagnetischen, schwachen und starken Wechselwirkung. Daher ist diese sogenannte *Planck-Ära* unterhalb von ungefähr 10^{-35} Sekunden nach dem Urknall für eine Vielzahl von Symmetrieeigenschaften in der Natur von Interesse. Nach der Planck-Ära beginnt die Ära der sogenannten *kosmischen Inflation*, bei der sich ungefähr zwischen 10^{-35} und 10^{-30} Sekunden das Universum um einen Faktor von 10^{26} bis 10^{50}, abhängig von der Inflationstheorie, exponentiell mit Überlichtgeschwindigkeit ausdehnt. Dabei ist zu beachten, dass dies erlaubt ist, da der Raum selbst expandiert. Dabei war es möglich, dass sich mikroskopische Quantenfluktuationen zu makroskopischen Fluktuationen vergrößern konnten, die schließlich die Keime für die Bildung von späteren Materiestrukturen darstellten. Die Temperaturschwankungen im CMB sprechen neben anderen Indizien für die Theorie der Inflation. Während der weiteren Expansion kühlt das Universum immer weiter ab, was dazu führt, dass gewisse Symmetrien gebrochen werden und gewisse Prozesse sozusagen ‚ausfrieren'. Nach einer Zeit von 10^{-11} Sekunden gelangt man schließlich in den Temperatur- bzw. Energiebereich der auch der Hochenergiephysik zugänglich ist. Nach der Inflationsperiode folgt die sogenannte *Quarkära*, die besonders für die Erforschung des sogenannten *Quark-Gluon-Plasmas* von Interesse ist. Die *Bildung stabiler Hadronen* wie Protonen und Neutronen war schließlich erst nach ungefähr 10^{-6} Sekunden möglich. Zu diesem Zeitpunkt tritt insbesondere die sogenannte *CP-Verletzung* auf, die den Überschuss von Materie gegenüber Antimaterie erklären soll. Bis zu einer Sekunde nach dem Urknall konnten sich Protonen und Neutronen ineinander umwandeln, was durch Beta-Zerfall zu einer großen Generierung von Neutrinos führt, die beim Ausfrieren der schwachen Wechselwirkung erhalten bleiben. Nach ungefähr 10 Sekunden beginnt der Zeitpunkt der *Primordialen Nukleosynthese*, der bei einer Temperatur von 10^9 K zur Bildung erster leichter Atomkerne, wie Deuterium, Helium und Lithium führt. Diese Kernfusion kommt nach ungefähr drei Minuten zum

Erliegen. Das Universum bestand zu diesem Punkt aus einem stark gekoppelten *Materie-Strahlungs-Plasma*, wobei bis zum Zeitpunkt von 70.000 Jahren nach dem Urknall vom *strahlungs-dominierten* und danach vom *materiedominierten* Universum gesprochen wird, da zu diesem Zeitpunkt die Energiedichten von Photonen und massebehafteter Materie gleich war (*matter-radiation-equality*). Nach 380.000 Jahren war das Universum schließlich soweit abgekühlt, dass die Photonen nicht mehr durch Thompson-Streuung an Materie gebunden waren und sich erste stabile Atome aus Atomkernen und Elektronen bilden konnten, dem Zeitpunkt der Entkopplung von Strahlung und Materie (*matter-radiation-decoupling*). Die entsprechende *‚last scattering surface'* bildet den Punkt für die Emission der kosmische Hintergrundstrahlung, in der auch die Information über die skalenabhängigen Dichtefluktuationen, die in den sogenannten *baryonischen akustischen Oszillationen (BAO)* des Strahlungs-Materie-Plasmas verewigt sind, sichtbar wird. Das Maximum der Strahlungsleistung bewegt sich dabei bei einer Temperatur von 4000 K im sichtbaren Spektrum, was durch die kosmologische Rotverschiebung aufgrund der Raumexpansion in den Mikrowellenbereich mit einer zugehörigen Temperatur von 2,73 K verschoben ist. Ab diesem Zeitpunkt beginnt die kosmologische Strukturbildung durch Ansammlung baryonischer Materie in den Potenzialtöpfen dunkler Materie-Halos und erste Sterne und Galaxien können sich nach einigen hundert Millionen Jahre bilden, was auch dem heutigen Beobachtungsstand entspricht. Unser heutiges Universum ist dabei nicht mehr materiedominiert. Der größte Beitrag der gesamten Energiedichte rührt stattdessen von der Dunklen Energie her.

Uns interessiert an dieser Stelle, wie sich der Phasenübergang zwischen Quarks und Protonen beschreiben lässt. Gibt es also eine scharfe Grenze bezüglich Dichte und Temperatur, ab der Protonen nicht mehr existieren können und schließlich in eine elementarere Form von Materie übergehen, die wir Quarkmaterie nennen? Die Quarkmaterie bestünde also aus dem Innenleben der Nukleonen. Hier setzt die Grundidee zur experimentellen Untersuchung an: Wenn wir in extrem energiereichen Kollisionen von Atomkernen (aus Protonen und Neutronen, also aus Nukleonen) die enthaltene Materie extrem komprimieren, können wir eventuell den Phasenübergangspunkt erreichen, oder sogar in die Quark-Gluon-Phase vordringen. Hier würde also in der Tat die Expansionsdynamik umgekehrt – deshalb reden wir hier so ausdauernd vom Rückwärtsspielen des kosmologischen Films.

Geht man also in der Entwicklung des Universums rückwärts, so bilden sich zunächst die größeren Strukturen wie Galaxien und Nebel so lange zurück, bis wir beim Zeitpunkt der Entkopplung von Materie und Strahlung, den Photonen, angelangt sind. Dieser Zeitpunkt liegt bei ungefähr 380.000 Jahren nach dem Urknall und stellt ebenfalls den Moment der Bildung der ersten Atome durch die Vereinigung von Atomkernen und Elektronen dar. Zu diesem Zeitpunkt war das Universum so groß und so weit abgekühlt, dass die Photonen frei entweichen, sich also mit Lichtgeschwindigkeit frei im Raum bewegen konnten und nicht mehr durch Prozesse wie die sogenannte Thompson-Streuung an Atomkerne gebunden waren. Dieser Strahlungsentkopplung verdankt der sogenannte kosmische Mikrowellenhintergrund (CMB) seinen Ursprung, der heute mit Teleskopen wie PLANCK oder sogar im Hintergrundrauschen auf dem heimischen Fernseher beobachtet werden kann. Geht man noch weiter zurück in der Zeit, so trifft man auf ein heißes Nukleonenplasma, in dem außer Protonen und leichten Kernen keinerlei Strukturen mehr vorhanden sind. Hübsche Galaxien und Nebel gab es dort noch nicht. Die Temperatur dieses Plasmas liegt immerhin schon bei 10^7 Grad Kelvin. Im Bereich der Größenordnung von ungefähr drei Mikrosekunden nach dem Urknall schließlich finden wir das Universum bei der Temperatur des Phasenüberganges, der die Protonen und Neutronen erzeugt. Davor existierte eine Urmaterie der Konstituenten der Nukleonen, also der Quarks und der Gluonen, welche man als Quark-Ära bezeichnet. Dieses Zeitalter beginnt seinerseits nach der Periode der kosmischen Inflation. Die dort vorhandene Quark-Gluon-Materie „kondensiert" in nukleonische Strukturen, wie das Proton: Zum ersten Mal in der Geschichte des Universums entsteht aus elementaren Teilchen ein gebundenes Objekt, das eine Oberfläche und eine Innenstruktur besitzt. Das Proton und das Neutron sind daher die erste evolutionäre Form der Begriffe des „Innen" und „Außen". Die Quark-Gluon-Materie und ihr Phasenübergang sind die Ziele der hier besprochenen Forschungsbemühungen.

Phasenübergänge Thermodynamik
Ein wichtiges Thema in der Thermodynamik ist die Frage, wann sich Übergänge zwischen verschiedenen *Phasen* oder auch *Aggregatszuständen* eines bestimmten Stoffes ergeben. Der bekannteste Fall ist sicher der von Wasser mit seinem zugehörigen Phasendiagramm, das im Allgemeinen von den *Zustandsvariablen*, wie dem Druck oder der Temperatur aufgespannt wird. Es existieren dabei die Phasenübergänge zwischen fest und flüssig (*Schmelzen* und *Gefrieren*), flüssig und gasförmig (*Kondensieren* und *Verdampfen*) und von fest zu gasförmig (*Sublimieren* bzw. *Resublimieren*). In einigen Stoffen, wie beim Wasser, gibt es einen Übergangspunkt zwischen allen drei Phasen, der *Tripelpunkt* genannt wird. In einigen anderen Systemen verschwindet ab einem bestimmten kritischen Druck bzw. einer kritischen Temperatur die entsprechende Phasentrennlinie und man erhält einen sogenannten *kritischen Endpunkt*.

Nach der sogenannten *Ehrenfest-Klassifikation* unterscheidet man zwischen zwei Typen von Phasenübergängen: *Phasenübergängen erster und zweiter Ordnung*. Diese Charakterisierung richtet sich nach der Stetigkeit der Ableitungen des thermodynamischen Potentials am kritischen Punkt. Bei Phasenübergängen erster Ordnung muss es zu einem Sprung also einer Unstetigkeit in der ersten Ableitung nach einer Zustandsvariablen kommen. Bei Phasenübergängen zweiter Ordnung gilt dies für Unstetigkeiten in den zweiten Ableitungen. Wichtig sind Phasendiagramme darüber hinaus im Magnetismus, in der Festkörperphysik und dort insbesondere bei der Supraleitung, und in der Teilchenphysik bei der Beschreibung des Phasenüberganges zwischen dem Quark-Gluon-Plasma und gebundenen Hadronen (Nukleonen, Pionen usw.). Diesen Übergang nennt man auch *confinement/deconfinement transition*.

Als Physiker stellt man sich in diesem Moment die Frage: Wie konnten die Nukleonen überhaupt aus der Quark-Gluon-Materie entstehen? Dabei befindet man sich in der experimentalphysikalischen Fragestellung der Jahre 1982/1983, als zum ersten Mal die Idee aufkam, dass sich all dies beim Aufeinanderschießen schwerer Atomkerne untersuchen lassen könnte. Dies bezeichnet man als Schwerionenreaktion bei relativistischen Energien. Die große Erwartung hierbei war, dass es bei diesen Kollisionen aufgrund der hohen Schwerpunktsenergien zu einem Phasenübergang von der sogenannten Kernmaterie, also der Materie, die wir alle kennen, zur Quark-Gluon-Materie kommt, die wir erwarten. Die Kernmaterie, oder auf Englisch *nuclear matter*, besteht nun aus einer dichten Packung von Protonen und Neutronen, die ihrerseits wieder jeweils aus drei Quarks und darüber hinaus Gluonen bestehen, die die Nukleonen zusammenhalten. Die Idee ist folgende: Wenn man diese Kernmaterie genügend stark komprimiert bzw. erhitzt, dann erhält man einen sogenannten Phasenübergang, der, salopp gesagt, die „Wände" der Nukleonkügelchen ins Vakuum wegrückt und ihr Inneres in ein ausgedehntes Kontinuum der Urmaterie der sogenannten Quantenchromodynamik (QCD) überführt – aus Quarks und Gluonen. Dies ist der Urzustand der starken Wechselwirkung. Die Theorie der QCD macht nun bestimmte Vorhersagen, bei welchen Dichten bzw. Temperaturen das Quark-Gluon-Plasma stabil ist, und bei welcher Energiedichte im Rahmen der Universumsexpansion eine Kondensation in Form von Nukleonen, aus denen wir alle bestehen, stattfindet. Im Jahr 1988 galt die Vorstellung der Quarkmaterie als einem Gas-Gemisch aus Up-, Down- und Strange-Quarks mit drei verschiedenen Farbladungen sowie Gluonen als Vermittlern dieser Farbladungen. Damals stellte man sich darüber hinaus vor, dass sich dieses Gas in verdünnter Form wie ein Quantengas verhält. Diese Vorstellung hat sich schließlich als falsch erwiesen: Das Quark-Gluon-Plasma besitzt eine andere Struktur, wie sich gleich noch zeigen wird.

Quantenchromodynamik und Gittereichtheorie

Die *Quantenchromodynamik* (*QCD*) beschreibt die Theorie der starken Wechselwirkung und ihrer fermionischen Elementarteilchen, der drei Quarkfamilien mit ihren insgesamt sechs *Quarks* (Up, Down, Strange, Charm, Beauty, Top) und den Vermittlern der Kraft, den *Gluonen*. Als entsprechende Erhaltungsgröße in Analogie zur Ladung in der Elektrodynamik tritt in der QCD die sogenannte *Farbladung* auf, daher auch der Name (griechisch: *chroma* = Farbe). Tatsächlich hat diese Bezeichnung aber nichts mit den uns bekannten Farben zu tun, sondern stellt lediglich eine formale Analogie dar. Die Ladungen werden dabei als rot, grün und blau bzw. als antirot, antigrün und antiblau bezeichnet. Die QCD ist wie die Quantenelektrodynamik (QED) bzw. die elektroschwache Wechselwirkung eine sogenannte *Eichtheorie*. Dies bedeutet, dass die Theorie unter speziellen mathematischen Transformationen, im Falle der QCD unter Farbtransformationen, invariant ist und eine sogenannte Eichfreiheit besitzt. Die starke Wechselwirkung und somit ihre *Kopplungskonstante* sind skalenabhängig. Die zentralen Eigenschaften in diesem Zusammenhang nennen sich *Confinement* und *Asymptotische Freiheit*. Das Confinement besagt, dass je weiter man versucht zwei Quarks voneinander zu entfernen, sie umso stärker zusammen halten. Deswegen treten Quarks auch immer nur in gebundenen Zuständen, sogenannten *Hadronen* (z. B. *Mesonen* mit zwei und *Baryonen* mit drei Quarks) auf. Damit in Verbindung steht auch die Forderung, dass gebundene Zustände *farbneutral* sein müssen. Das ist auf zwei Arten möglich: Eine Farbe und ihre Antifarbe ergeben einen farbneutralen Zustand (Meson) genauso wie alle drei Farbladungen in gleicher Stärke (Baryon). Hier erkennt man die Analogie zum „Farbkreis". Darüber hinaus wird gerade bei Bindungszuständen aus leichten Quarks die Masse dynamisch über die Bindungsenergie von Gluonen erzeugt. Im Gegensatz dazu steht die Asymptotische Freiheit, die besagt, dass bei sehr kleinen Abständen, also bei sehr hohen Energien, die Kopplung zwischen den Quarks sehr klein wird und sie sich praktisch wie freie Teilchen verhalten. Dieses Verhalten der Kopplungskonstante ist von großem Interesse in der QCD.

Durch die große Stärke der Kopplung sind Berechnungen in der QCD im Allgemeinen sowohl analytisch als auch numerisch sehr kompliziert. Entsprechende Simulationen am Computer werden dabei mit der in den 1970er Jahren entwickelten *Gittereichtheorie* (*Lattice-QCD*) durchgeführt, die eine nicht-störungstheoretische Rechenmethode darstellt. Dies geschieht numerisch durch eine *Diskretisierung* der Raumzeitvariablen, welche ein sogenanntes Gitter bilden. Dieser Theorie verdanken wir Aussagen über globale Eigenschaften der Quarkmaterie, wie Energiedichte, Zustandsgleichung, Suszeptibilitäten und kritische Temperatur, die im Experiment getestet werden können.

Wenn man sich zur Erläuterung der „kritischen Temperatur der QCD" den Beitrag der Bielefelder Gittereichtheorie-Gruppe, die zu den beiden weltweit führenden Gruppen auf diesem Gebiet zählt, aus dem Jahr 1987 ansieht, zeigt sich das theoretische Verhalten der Energiedichte beim Phasenübergang dieser beiden Materiearten sehr gut (Abb. 5.3). Untersucht wird dabei die Energiedichte pro Temperatur hoch vier. Diese recht unintuitive Größe hat eine gewisse Ähnlichkeit mit der *spezifischen Wärmekapazität*. Dies ist deswegen wichtig, weil die spezifische Wärmekapazität von der Dichte bzw. der Anzahl der verfügbaren Freiheitsgrade im entsprechenden Medium abhängt. Je mehr Freiheitsgrade existieren, die thermische Energie aufnehmen, desto größer ist die Wärmekapazität. Bei einem Verhältnis von eins der betrachteten Temperatur zur sogenannten kritischen Temperatur T_c, die den Phasenübergang charakterisiert, ist ein sprunghafter Anstieg dieser wärmekapazitätsähnlichen Größe zu sehen. Dieses Verhältnis von eins bedeutet natürlich, dass dies die Temperatur ist, die der kritischen Temperatur entspricht. Dies lässt sich auch anschaulich erklären: Ein Proton als Teil der Kernmaterie verfügt nur über einen sogenannten Spin- und drei Translationsfreiheitsgrade. Beim Übergang zur Quarkmaterie erhält man allerdings drei Quarks mit jeweils einem Spin- und drei Translationsfreiheitsgraden, sowie dazu noch drei zusätzlichen sogenannten Farbfreiheitsgraden (das Kraftfeld der starken Elementarkraft geht von drei sogenannten Farbladungen aus). Dadurch lässt sich bei steigender Temperatur um den Punkt der kritischen Temperatur der Anstieg der „Freiheitsgraddichte" erklären. Naiv vermehrt sich schließlich dabei die Anzahl der Freiheitsgrade um einen

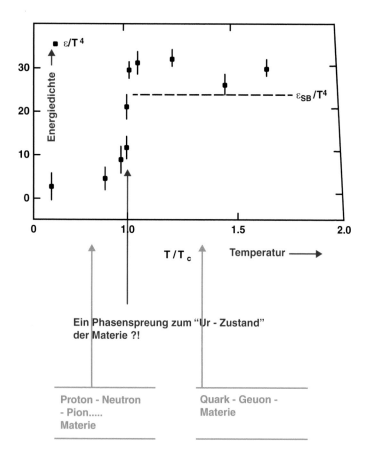

Abb. 5.3 Originalplot der Bielefelder Gittereichtheorie-Gruppe aus dem Jahr 1987 zur Bestimmung des Phasenübergangs zum Quark-Gluon-Plasma (© R. Stock)

Faktor 27. Im entsprechenden Plot erreicht man dabei allerdings nur einen Faktor von 9, da sich im entsprechenden Zustand unter der hohen Dichte die Protonen schon zu weiteren baryonischen Zuständen, wie den sogenannten *Delta-Resonanzen* überlagern, was zusätzliche Freiheitsgrade erzeugt. Die spezifische Wärme in Abb. 3 behält bei weiterer Erhitzung dasselbe Niveau bei und zeigt keinen weiteren Anstieg, woraus wir schließen, dass bei der entsprechenden kritischen Temperatur tatsächlich ein Phasenübergang von der hadronischen Materie zum Quark-Gluon-Plasma entsprechend der Quantenchromodynamik beschrieben wird. Diese kritische Temperatur findet sich laut der QCD-Gittereichtheorie bei ungefähr 170 MeV. In Kelvin entspricht dies ungefähr $2,4 \times 10^{12}$, also 2,4 Billionen Grad. Obwohl sich diese Temperatur jenseits jeglicher Vorstellung befindet, illustriert dies doch sehr gut, mit was für einer enormen Energiedichte man es bei diesem Phasenübergang zu tun hat. Die kritische Energiedichte beträgt dabei ungefähr 1 GeV pro Kubikfemtometer. Auch wenn diese Größe wohl eher Physiker beeindruckt, lässt sich eine Analogie für diese unglaubliche Zahl finden: Diese Energiedichte ist ungefähr vergleichbar mit der Aussage, dass eine Kaffeetasse der entsprechenden Substanz so viel wiegt wie das gesamte Nanga-Parbat-Massiv. Ein Teelöffel dieser Materie wiegt somit eine Milliarde Tonnen. In unserem eigenen Körper sind die Protonen und Neutronen durch weiträumige chemische Bindungen im Vergleich immens verdünnt. Im Weltall ist das aufgrund des nahezu perfekten Vakuums selbstverständlich noch viel stärker der Fall. Von jedem Proton zum nächsten sind es im Weltall im Mittel 1,80 m in jede Richtung. Das heutige Universum muss man somit also schon ganz gewaltig komprimieren, damit sich die Protonen und Neutronen

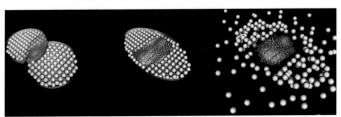

Abb. 5.4 Schematische Darstellung eines Kollisionsevents von zwei Atomkernen. Die verschiedenen Stadien hierbei sind zuerst Interpenetration, Generation eines Materie-„Feuerballs" und anschließende Explosion, die im Detektor registriert wird (© R. Stock)

entsprechende Phasenübergang tatsächlich in der Lage ist, die rohen Kräfte der starken Wechselwirkung zu verbergen, und neutrale Teilchen mit schwachen Bindungen zu erzeugen, die dafür sorgen, dass wir und die Welt um uns herum überhaupt erst existieren können.

Die Herausforderung: das Experiment

In der Theorie sind wir nun soweit in der Zeit bis kurz nach dem Urknall zurückgegangen, bis die Quarkmaterie sich zu einer Hadronmaterie aus Protonen und Neutronen kondensiert. Allerdings gilt es nun die Temperatur des Phasenübergangs im Uruniversum auch experimentell im Labor zu finden. Um dies zu erreichen, lässt man zwei Atomkerne bei relativistischen Energien frontal miteinander kollidieren. Dabei bildet sich während der sogenannten Interpenetration der beiden Kerne eine Überlappzone, die sich aufgrund der Bewegung mit Lichtgeschwindigkeit (jedoch nicht diffus) ausbreitet, und geradezu durch das gesamte Objekt hindurchwächst (Abb. 5.4). Dabei entsteht eine immer größere Reaktionszone, die eine Energiedichte erreichen kann, die einer Art Mini-Urknall entspricht und bei der das Quark-Gluon-Plasma entsteht. Daraufhin explodiert dieses Kollisionsobjekt schließlich und lässt dabei den Vorgang des Phasenübergangs wieder rückwärts laufen, nämlich von der Quarkmaterie zurück zur Hadronmaterie.

Was beobachtet man schließlich experimentell im Detektor? Wenn man sich zum Beispiel eine der Spurkammern des Experiments NA49 am CERN anschaut, kann man ungefähr ein zwanzigstel der gesamten Spurverteilung an geladenen Teilchen betrachten (Abb. 5.5). Hier wurden zwei Bleikerne mit jeweils 200 Protonen und Neutronen aufeinander geschossen. Bei dieser Reaktion entstehen insgesamt ungefähr 2000 geladene Teilchen, die genau in Hinblick auf ihre Teilchennatur, ihren Impuls und ihre Energie analysiert werden müssen. Diese Spuranalyse ist äußerst kompliziert, da man erahnen kann, wie unsäglich dicht und durcheinander diese Teilchenspuren verlaufen. Solch ein Ereignis nennt man eines mit hoher Multiplizität. Die Schwerpunktsenergie, die uns bei diesen Experimenten am SPS Beschleuniger am CERN mit Bleiionen zur Verfügung stand, betrug 33 TeV, also etwas mehr als das, was am LHC bei Proton-Proton-Kollisionen zur Verfügung steht. Es wird also unglaublich viel kinetische Energie in innere Energie umgewandelt, um das Quark-Gluon-Plasma zu erzeugen, das schließlich wieder in beobachtbare und analysierbare Teilchen zerfällt.

Die Möglichkeiten, relevante Daten in diesen Experimenten zu beobachten, sind vielfältig. Die entsprechenden Größen nennt man Observablen; es können zum Beispiel Korrelationsfunktionen, Spektren, Dichteverteilungen oder auch Teilchenerzeugungsraten sein, um nur einige zu

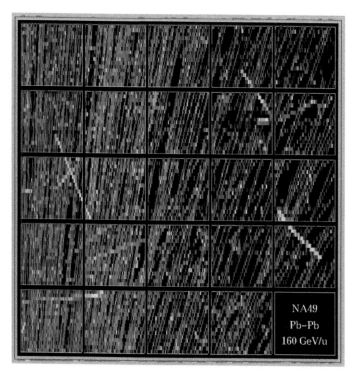

Abb. 5.5 Originale Spurverteilung eines NA49-Events von zwei Bleikernen (© R. Stock)

nennen. Im Folgenden wollen wir uns als Beispiel das sogenannte *Hadron-Thermometer* näher anschauen (Abb. 5.6). Diese Methode soll schließlich die ursprünglichen Vorhersagen der Gittereichtheorie-Rechnungen aus dem Jahr 1988 experimentell überprüfen. Anhand des eben erwähnten Spurbilds der Blei-Blei-Kollisionen am SPS werden nun die Multiplizitäten der 2000 geladenen Teilchen bestimmt. Dabei erhält man eine bestimmte Anzahl („Multiplizität")

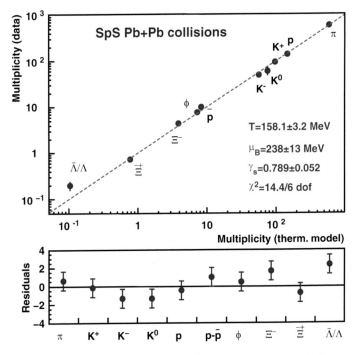

Abb. 5.6 Plot des sogenannten Hadron-Thermometers mit theoretischen und experimentellen Werten für die jeweiligen Multiplizitäten verschiedener Teilchen, die in einem zentralen Stoß von zwei Bleikernen (Pb(2008)) am SPS des CERN erzeugt werden (© R. Stock)

an Protonen, Antiprotonen, Pionen, Kaonen und den bekannten hadronischen Lambda-, Phi-, Xi- und Sigma-Zuständen, die pro Kollisionsereignis erzeugt werden.

Die Familie der Hadronen

Schon im Namen „Large Hadron Collider" fällt der Begriff des Hadrons, der von zentraler Bedeutung für den Beschleuniger ist. Das liegt zum einen an den Ergebnissen, die der LHC erforschen soll, zum anderen auch an der Tatsache, dass der LHC Protonen und Bleikerne beschleunigt. Das Proton gehört zur Familie der Hadronen, während Atomkerne aus ihnen aufgebaut sind. Es gibt dabei zwei Arten von Hadronen mit unterschiedlichem Spin: Mesonen, bestehend aus einem Quark und einem Antiquark, die einen ganzzahligen Spin besitzen und daher zu den Bosonen gehören und Baryonen, bestehend aus drei Quarks, die einen halbzahligen Spin besitzen und daher zu den Fermionen gehören. Von besonderer Relevanz ist bei den Hadronen zum einen die starke Wechselwirkung aufgrund ihres Aufbaus aus Quarks und zum anderen die schwache Wechselwirkung, die die spontanen Übergänge zwischen verschiedenen Quarks beschreibt (wie zum Beispiel beim B-Meson). Beispiele für Mesonen sind die sogenannten *Quarkonia*, die aus einem Quark und seinem eigenen Antiquark bestehen, wie zum Beispiel das *Charmonium* oder das *Bottomium*. Ein Beispiel für ein Charmonium ist das J/ψ-Meson. Sonstige Mesonen werden aus einem beliebigen Quark und Antiquark gebildet, wie das *D-Meson*, das *Kaon* oder das *Pion*. Baryonen treten in Form von Nukleonen (Proton und Neutron), sogenannten *Hyperonen* (Λ-, Σ-, Ξ- und Ω-Hyperonen) und unter anderem *Baryon-Resonanzen* (z.B. Δ-Baryonen und angeregte Zustände von Hyperonen) auf. Hyperonen gehören zu den sogenannten *Strangelets*, da sie mindestens ein Strange-Quark enthalten. Baryon-Resonanzen treten bei inelastischen Streuexperimenten auf und sind extrem kurzlebige angeregte Zustände (zum Beispiel des Σ- oder Ξ-Hyperons). Daher auch die Bezeichnung „Resonanz".

Die Multiplizität zeigt, wie oft jedes Teilchen vorkommt. Da das Pion das leichteste Hadron ist, kommt es als „Kleingeld der Hochenergiephysik" auch am häufigsten vor. Im vorliegenden Beispiel entstehen ungefähr 600 Pionen. Da die Kaonen dreimal so schwer wie die Pionen sind, werden davon auch entsprechend weniger erzeugt. Beim Lambda-Teilchen ist die Ausbeute noch einmal weit geringer, da es mit 1,2 GeV zehnmal so viel wie das Pion wiegt. Im entsprechenden Modell werden die Daten in Bezug auf ihren theoretischen Wert statistisch analysiert, wobei das von Josiah Willard Gibbs entwickelte großkanonische thermische Ensemble verwendet wird. Schließlich variiert man die verschiedenen Modellparameter so lange bis man ein optimales sogenanntes *Chi-Quadrat* (X^2) erhält, welches die sogenannten *Residuen*, die Abstände zwischen Theorie und Experiment, minimiert. Daraus erhält man einen experimentellen Wert für die kritische Temperatur des Phasenübergangs von $158,1 \pm 3,2$ MeV. Wir erinnern uns, dass das Ergebnis der Gittereichtheorie 170 ± 15 MeV betragen hat, wodurch wir uns also mit diesem Ergebnis schon sehr gut im Bereich der Vorhersage bewegen. Das war eine sensationelle Erstentdeckung.

Im Übrigen darf nicht unerwähnt bleiben, dass sich hinter jedem einzelnen dieser Messpunkte ungefähr zwei oder drei Doktorarbeiten verbergen, wodurch 25 bis 30 Doktoranden gleichzeitig über einen Zeitraum von zwei Jahren beschäftigt waren. Im hier herausgegriffenen Experiment gab es dann noch etwa zehn weitere relevante Observablen zu analysieren. Dies zeigt auch den Sinn der großen Experiment-Kollaborationen.

Was man allerdings schließlich bestimmen will, ist das Phasendiagramm der Quarkmaterie, das sogenannte *QCD-Phasendiagramm* (Abb. 5.7). Ein weiteres sehr bekanntes Phasendiagramm ist zum Beispiel das von Wasser. Dabei wird die Wasserdichte gegen die Temperatur aufgetragen

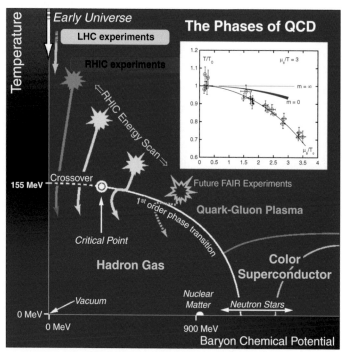

Abb. 5.7 Das Phasendiagramm der Quantenchromodynamik mit der hadronischen Phase, dem Quark-Gluon-Plasma, der Farbsupraleitung und dem kritischen Endpunkt (© NSAC)

und man erkennt darin die verschiedenen *Aggregatszustände*, die *Koexistenzphasen* und den sogenannten *Tripelpunkt*. Dasselbe erstellt man nun auch im Fall der Quarkmaterie, wobei hier die Temperatur gegen das *baryonische chemische Potenzial* bzw. die Baryonendichte aufgetragen wird. Bei einer Temperatur zwischen 0 und 165 MeV und einem chemischen Potenzial von 0 bis etwas mehr als 1 GeV findet man nun die sogenannten hadronische Phase, welche durch das sogenannte *Confinement* der QCD beherrscht wird.

Geht man nun zu sehr hohen Temperaturen bei einem konstanten chemischen Potenzial von null, so findet bei einer kritischen Temperatur von etwa 165 MeV nun der von der Gittereichtheorie vorhergesagte Phasenübergang statt. Darüber befindet sich die Phase des Quark-Gluon-Plasmas, das der Region des sogenannten *De-Confinements* angehört. Dieselbe Theorie hat neuerdings auch zu einer Erweiterung des Phasendiagrams zu höheren hadronischen Dichten geführt und hat sich bei niedrigeren Dichten auch schon experimentell durch das Hadronen-Thermometer bestätigen lassen. Das experimentelle Verfahren war also tatsächlich in der Lage, gewisse Teile des Phasendiagramms, besonders in Hinblick auf den Phasenübergang vom De-Confinement zum Confinement hin zu bestätigen.

Ein weiteres Ergebnis, das die Untersuchung des Quark-Gluon-Plasmas am CERN und im Brookhaven National Laboratory auf Long Island durch neuere Experimente hervorbringen konnte, klärt die Frage, um was für ein Medium es sich bei dem Quark-Gluon-Plasma überhaupt handelt. Dies behandelt auch die eingangs erwähnte Vermutung, ob sich Quarkmaterie wie ein Quantengas verhält. Es stellt sich dabei heraus, dass nicht dem tatsächlichen Verhalten des Quark-Gluon-Plasmas entspricht und sich dieses vielmehr wie eine nahezu ideale Flüssigkeit ohne wesentliche Reibung verhält. Das Reibungsverhalten wird durch die Viskosität einer Flüssigkeit beschrieben, wobei es für die Viskosität eine fundamentale untere Grenze gibt (Abb. 5.8). Laut der Stringtheorie darf diese nämlich nicht null werden. Dieses *„lower string theoretical limit"*, das vor einigen Jahren entwickelt wurde, ist übrigens die bis zum heutigen Tage einzige Anwendung der Stringtheorie auf ein experimentell

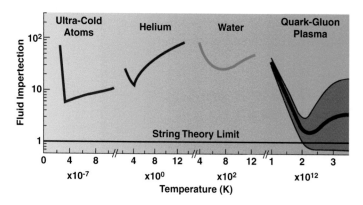

Abb. 5.8 Flüssigkeitsverhalten verschiedener Substanzen inklusive des Quark-Gluon-Plasmas. Es zeigt sich, dass das Quark-Gluon-Plasma dem sogenannten Stringtheorie-Limit am nächsten kommt und die beste Realisierung einer perfekten Flüssigkeit darstellen könnte (© R. Stock)

nachweisbares Ergebnis. Im direkten Vergleich zu anderen Substanzen wie ultrakalten Atomen, suprafluidem Helium oder Wasser stellt das Quark-Gluon-Plasma die idealste Flüssigkeit im Universum dar, die sich darüber hinaus nur knapp über dem von der Stringtheorie gesetzten Limit befindet. Das breite Fehlerband in der rechten Hälfte des auf das Quark-Gluon-Plasma bezogenen Teils der Abb. 5.8 ist übrigens durch neue Arbeiten schon sehr viel schmaler geworden; wir sind dem absoluten Grenzwert nahe. Diese ideale Flüssigkeit hat das gesamte Universum in einem Zeitraum von wenigen Femto- bis hin zu wenigen Mikrosekunden nach dem Urknall also komplett ausgefüllt. Dies ist auch die früheste Epoche, kurz nach dem Urknall, für die wir bisher etwas über ausgedehnte Materie experimentell herausfinden können. Davor kommen ausschließlich noch hypothetische theoretische Modelle ins Spiel. Ob die

Quark-Gluon-Materie die erste Materieform im Big Bang darstellt, ist also noch offen.

Quarkmaterie am CERN: Der lange Weg zu ALICE

Nach dieser theoretischen und experimentellen Exkursion in den Bereich der Quarkmaterie soll der Fokus zum Schluss noch einmal auf den Experimenten selbst, und ihrer Realisierung stehen. Gerade in Hinblick auf den Weg zum gegenwärtig aktuellen CERN-LHC-Experiment ALICE war der Weg alles andere als einfach.

Unser erstes Experiment im Jahr 1986 war das sogenannte *NA35* am SPS-Beschleuniger, das im Vergleich zu den heutigen, gigantischen Projekten am CERN geradezu winzig war (Abb. 5.9). NA35 wurde von einer Gruppe aus 80 Physikern gebaut. Die ersten Investitionen dafür kamen von der Verbundforschung des Bundesministeriums für Forschung und Technologie, und die Kollaboration umfasste deutsche Gruppen vom Max-Planck-Institut in München, von der GSI in Darmstadt, und von den Universitäten Frankfurt, Freiburg und Marburg. Dieses Experiment bestand zum Großteil aus vom CERN übernommenen und recycelten Elementen, wie zum Beispiel den riesigen supraleitenden Magneten, der allein schon einen Investitionswert in Höhe von 15 Mio. Schweizer Franken verkörperte. Dennoch steckten wir noch mehrere weitere Millionen in das Projekt, was ungefähr der Grenze dessen entsprach, was für eine universitäre Gruppe von (Noch-)Nicht-Teilchenphysi-

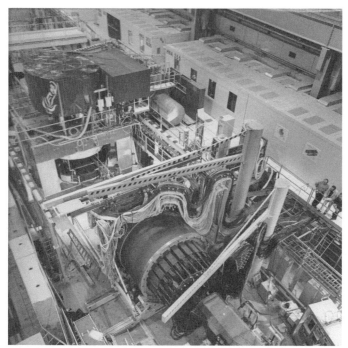

Abb. 5.9 NA35-Experiment am SPS Beschleuniger am CERN von 1986 bis 1995 (© R. Stock)

kern am CERN überhaupt möglich war. Was die Teilchenphysiker damals in den LEP-Experimenten zur Verfügung hatten, überstieg unser Budget um das Zehnfache. Eine nette Illustration unserer damaligen Lage ist auch folgende Anekdote: Als ich wieder einmal klinkenputzend und um Unterstützung bittend durch die Korridore im CERN wanderte, kam ein befreundeter Theoretiker, der berühmte Rolf Hagedorn, vorbei und kommentierte: „Reinhard, immer wenn ich dich hier rumlaufen sehe, fühle ich mich wieder in meiner Lebensentscheidung bestätigt, nicht Experimentator, sondern Theoretiker geworden zu sein."

Dennoch hat sich auch das Gebiet der ultrarelativistischen Kernkollisionen (leider mit dem Titel „Schwerionenphysik" behaftet) mit der Zeit, wenn auch etwas zäher, dazu entwickelt, was wir heute am CERN mit dem Großexperiment ALICE vor uns sehen, obwohl die Anfänge vor 25 Jahren noch vergleichsweise winzig ausfielen. Denn plötzlich fing eine gewisse Eigendynamik an, nachdem wir nach unseren SPS-Experimenten in einer Pressekonferenz öffentlich erklärt hatten, das Quark-Gluon-Plasma experimentell gefunden zu haben. Im Jahr 2003 schließlich titelte auch der *CERN Courier*, als das große ALICE Experiment geplant wurde, mit einer Simulation des ALICE Spurdetektors auf der Frontseite, unter dem Titel „Net closes in on quark-gluon plasma". Wenn das CERN der Vatikan der Teilchenphysik ist, entspricht dieses Journal dem *Corriere* des Vatikans. Wenn man da noch auf dem Titel landet, hat man es schließlich geschafft, die eigene Forschung erfährt eine Kanonisierung. Von den Anfängen am SPS über diesen kleinen Ritterschlag im Jahr 2003 hat sich die relativistische Hochenergiephysik mit schweren Kernen in die tausendfache Energiedimension gesteigert. Mit Experimenten wie in Brookhaven am Relativistic Ion Collider und auch am CERN haben wir heute eine neue ungeahnte Komplexitätsstufe erreicht. Dazu trägt auch bei, dass die weiteren LHC Experimente, insbesondere ATLAS und CMS, sich mit ihrer komplementären Detektortechnik am Forschungsthema engagieren.

Wie konnte sich das Quarkmaterie-Projekt am CERN nun schließlich durchsetzen? Im Jahr 1992 fing zunächst

Letter of Intent

Das Experiment ALICE am LHC des CERN

Pb + Pb-Kollisionen bei $\sqrt{s}$ = 5.5 TeV pro Nukleon-Paar

Letter of Intent an den BMBF

seitens der deutschen Teilnehmer an ALICE

1   Übersicht

Die Experimente der ersten Runde am Large Hadron Collider (LHC) des CERN sollen im Jahr 2005 beginnen. Neben den zwei großen Hauptexperimenten der Teilchenphysik, ATLAS und CMS, ist für diese Runde als drittes ein Experiment mit Kollisionen schwerer Kernprojektile vorgesehen (ALICE), das die im Rahmen der Quanten-Chromodynamik (QCD) vorhergesagten Phänomene der Wiederherstellung der chiralen Symmetrie und des Quark-Gluon-Deconfinements in großen Volumina stark wechselwirkender Materie bei extremer Energiedichte untersuchen wird. Der Grundgedanke dieses Experiments basiert auf den folgenden, kurz gefaßten Überlegungen:

Abb. 5.10   Ausschnitt aus dem ‚Letter of Intent' für das ALICE Experiment am CERN, verfasst von den deutschen Kollaborationsgruppen. So fängt ein CERN-Experiment formal an (© R. Stock)

alles mit einem sogenannten Forschungsvorschlag für einen „Injektor für die Beschleunigung schwerer Ionen bis zum Blei am CERN SPS, und neue Experimente zur Untersuchung von Kernmaterie höchster Dichte" an. Die Unterzeichner waren dabei die Universitäten Frankfurt, Freiburg, Heidelberg, Marburg und Münster, sowie das GSI in Darmstadt und das Max-Planck-Institut für Physik und Astrophysik in München. 1996 begann schließlich die Kooperation mit anderen Gruppen bezüglich des Experimentaufbaus des ALICE Detektors, für Blei-Kollisionen am LHC. Dabei richteten wir einen Brief an Dr. Hermann Schunck vom BMBF, in dem wir um Unterstützung der Mitarbeit an der Vorbereitung des ALICE-Experiments (mit einem sogenannten *Letter of Intent*) beteiligen wollten (Abb. 5.10).

Dort wird schließlich die Forschungsmotivation der Kollaboration für die Experimente zur Kollision von Bleikernen umrissen. An dieser Stelle muss man als Teilnehmer an diesen Experimenten allerdings schon Fördermittel in Aussicht haben. Der Prozess bis zur Durchführung der endgültigen Experimente ist dabei durchaus kompliziert. Sobald der Letter of Intent verfasst wurde, geht dieser zum einen an das CERN-LHC-Komitee und an die jeweiligen Forschungsinstitute oder Ministerien der beteiligten Länder, wie beispielsweise das BMBF in Deutschland oder das INFN in Italien. Nach zahllosen persönlichen Gesprächen, Anträgen und Gutachtersitzungen geben dann die jeweiligen Verantwortlichen das sogenannte *go ahead in principle*. Danach erfolgt die konkrete Ausarbeitung des Plans des Experiments, in diesem Fall das ALICE Proposal, sowie der erste genaue Finanzplan. Sobald auch dies vom CERN-Komitee abgesegnet ist, kommt es zu einer Konkretisierung des Finanzplans und zu der Erstellung eines technischen Proposals der einzelnen Detektoren. Diese technischen Proposals sind wiederum sehr aufwändig, da z. B. ALICE aus sechs separaten Subdetektoren besteht, die jeweils wieder eine immense Größe besitzen und ein separates Proposal benötigen. Auch dies muss wiederum vom CERN-Komitee und in diesem Fall auch vom CERN-Direktorium gebilligt werden. Schließlich kommt man zum entscheidenden Punkt des sogenannten *Memorandum of Understanding*. Darin wird äußerst akribisch festgelegt, wer für was zuständig ist und wer was, wann und wie finanziert. Diese Zahlen müssen bis auf drei Vorkommastellen korrekt geschätzt werden, was tatsächlich äußerst schwierig ist und worauf man sich nachher auch festnageln lassen muss. Das finanzielle Ergebnis ist dann ein „Länder-Spiegel": CERN trägt 25 Mio. Schweizer Franken, Italien 26 Mio., Deutschland 23 Mio., usw. Parallel dazu wird auch das Bundesministerium für Bildung und Forschung mit den entsprechenden Finanzplänen konfrontiert, durch die über einen Zeitraum von ungefähr zehn Jahren ein Großteil der Fördergelder verplant wird: eine gewaltige Zumutung an ein Ministerium mit jährlich wechselnden Budgets! Da der entsprechende Gutachterausschuss des Ministeriums alle drei Jahre tagt (für eine Förderperiode von drei Jahren), entziehen sich solche Langzeitinvestitionen, streng genommen, selbst diesen mittelfristigen Ausschussentscheidungen. Dafür braucht es ein großes Maß an Vertrauen unter allen Entscheidungsträgern und gegenüber unserer Forschung, um solche langfristigen Verbindlichkeiten zu gewährleisten. Dennoch wurde, wie auch bei der Finanzierung durch die Universitätetats, die Gunst der Stunde und die einmalige Chance der Mitarbeit am CERN wahrgenommen, was diese Finanzierungen erst möglich machte. Schließlich kann der Startschuss erfolgen, erste Prototypen werden angefertigt, die Konstruktion des Detektors beginnt und im Jahr 2010, 14 Jahre nach dem Letter of Intent, kommt es endlich zur ersten experimentellen Datennahme.

Seitdem hat sich das Feld der Quarkmaterie stetig weiterentwickelt und wir bekommen heute oft gefragt, welche Forschungsthemen fundamentaler Natur in unserem Gebiet überhaupt noch übrig sind. Gerade in Hinblick auf den LHC ist diese Frage nicht einfach zu beantworten, da die Erprobung neuartiger Fragestellungen an dieser Maschine gerade der Sinn der ganzen Unternehmung ist. Gibt es eventuell neben (bzw. zeitlich vor) dem

6

The Facility for Antiproton and Ion Research – FAIR

Prof. Dr. Günther Rosner

Prof. Dr. Günther Rosner hat an den Universitäten in München und Heidelberg Physik und parallel dazu Medizin studiert. Von 1977 bis 1982 forschte er am Max Planck-Institut für Kernphysik in Heidelberg im Bereich der Schwerionenphysik, wobei er nach weiteren Stationen in Chicago, München und Mainz im Jahr 1999 auf den Lehrstuhl für Naturphilosophie und zum Leiter der Abteilung für Kernphysik an die Universität Glasgow berufen wurde. Seit dem Jahr 2011 ist er Forschungsdirektor und Administrativer Geschäftsführer des Forschungszentrums FAIR in Darmstadt. Zu seinen Forschungsschwerpunkten gehören neben der experimentellen Kernstruktur- und Hadronenphysik die medizinische Physik mit den Schwerpunkten Nuklearmedizin und Radiotherapie. Günther Rosner ist darüber hinaus Mitglied in zahlreichen Kollaborationen und Komitees.

Neben dem CERN als einem großartigen Beispiel für die Realisierung eines europäischen und gar internationalen Großforschungsprojekts hinsichtlich Planung, Finanzierung und Forschung gibt es weltweit noch viele Beispiele für ähnliche Unternehmungen, wenn auch das CERN in einigen Bereichen seinesgleichen sucht. Gerade in Deutschland hat sich Darmstadt mit dem *Forschungsinstitut GSI*, der *Gesellschaft für Schwerionenforschung*, vor allem in den Bereichen der Synthese der schwersten Elemente und der Tumortherapieforschung mit schweren Ionen international einen Namen gemacht. Die Weiterführung dieser exzellenten Forschung soll nun mit dem neuen internationalen Großprojekt des Teilchenbeschleunigers FAIR umgesetzt werden, welcher Fortschritte auf eben diesen Gebieten mit bisher unerreichter Qualität erreichen soll.

FAIR und seine Experimente

Die Einrichtung für Antiprotonen- und Ionen-Forschung mit dem englischen Akronym *FAIR* wurde im Jahr 2010 als internationale Kollaboration von neun Gründerstaaten ins Leben gerufen. Die Ausrichtung war von Anfang an nicht allein europäisch, unter Beteiligung von Deutschland, Frankreich, Finnland, Polen, Slowenien, Schweden und Rumänien, sondern durch Beiträge von Russland und Indien auch global. Diese globale Orientierung war die Prämisse, unter der der Wissenschaftsrat im Jahr 2002 das Projekt zur Finanzierung und Realisierung empfahl. Nachdem unter dem Vorsitz von Dr. Hermann Schunck im Jahr 2004

Abb. 6.1 Visualisierung des GSI/FAIR-Komplexes in Darmstadt. Links ist die bestehende GSI zu sehen und rechts das geplante Forschungszentrum FAIR (© FAIR)

ein internationales Steuerungskomitee gebildet worden war, kam das Projekt ins Laufen und mündete schließlich 2010 in der Unterzeichnung des völkerrechtlichen Abkommens in Wiesbaden zur Errichtung von FAIR in Darmstadt.

Die Forschungseinrichtung FAIR wird in unmittelbarer Nähe des deutschen Nationallabors für Schwerionenphysik, der GSI, errichtet werden (Abb. 6.1). FAIR bedient sich dabei zweier Beschleuniger der GSI, eines Linearbeschleunigers und eines Synchrotrons, als sogenannte Vorbeschleuniger oder Injektoren und soll darüber hinaus zwei große Synchrotrone als Hauptbeschleuniger besitzen (Abb. 6.2). Diese beiden Hauptbeschleuniger können mit einer Geschwindigkeit von bis zu vier Tesla pro Sekunde auf enorme magnetische Feldstärken hochgefahren werden und damit Protonen mit Energien von 30 beziehungsweise 90 GeV

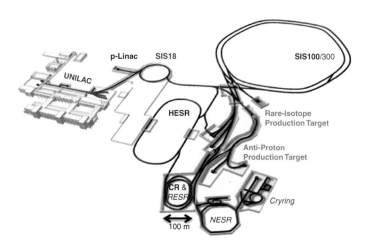

Abb. 6.2 Schema der verschiedenen Beschleuniger an FAIR (in Blau: existierende GSI-Injektoren, in Rot: FAIR in Bau oder geplant; © FAIR)

oder Schwerionen bis zum Uran von bis zu 45 GeV pro Nukleon erzeugen. Eine wichtige Besonderheit ist dabei, dass es sich bei FAIR um eine Sekundärstrahlanlage handelt. Wir sind also nicht grundsätzlich an den verwendeten Protonen interessiert, sondern vielmehr an den Reaktionsprodukten, insbesondere in Bezug auf die Herstellung von besonderer Kernmaterie. Dabei ist vor allem die Produktion von Antimaterie, insbesondere von Anti-Protonen von Relevanz. Da Antimaterie jedoch so selten und wertvoll ist, werden die erzeugten Anti-Protonen in einem sogenannten Kollektorring so lange gesammelt, bis sie als Antimateriestrahl für die Hadronenphysik, einem Gebiet zwischen der Teilchen- und Kernphysik, Verwendung finden können. Eine weitere Besonderheit ist, dass wir bei so hohen Energien an FAIR in der Lage sein werden, äußerst kurzlebige, ultraschnelle Schwerionen nahe der Lichtgeschwindigkeit zu produzieren. Diese Atomkerne sind höchst instabil und deswegen nur schwer zu beobachten und daher mit anderen Methoden als denen am FAIR praktisch nicht zu analysieren.

Hierbei lässt sich schon erahnen, dass das Forschungsgebiet an FAIR sehr breit gestreut ist. Es handelt sich dabei um Grundlagenforschung nicht nur in der Teilchen- und Hadronenphysik, sondern auch in der Kernstrukturanalyse, bei der Erforschung des QCD-Phasendiagramms und des Quark-Gluon-Plasmas, in der Atomphysik und im Bereich der fundamentalen Symmetrien und nichtlinearen Phänomene von extrem hohen elektromagnetischen Feldern. Darüber hinaus leistet FAIR auch Beiträge zu vielen Bereichen der angewandten Physik wie der Plasmaphysik, aber auch zur Materialforschung und Nuklearmedizin. Wie schon beim CERN ist auch hier die Entwicklung neuer Beschleunigertechnologie von höchster Wichtigkeit, da die entsprechenden benötigten Beschleuniger heutzutage noch gar nicht existieren. Dafür mussten zunächst Prototypen entwickelt werden, die sich momentan im Bau befinden. Anschaulich schlägt sich das zum Beispiel bei der Erzeugung der benötigten extrem hohen Magnetfelder nieder und insbesondere bei der Erzeugungsgeschwindigkeit von vier Tesla pro Sekunde. Nicht nur die Konstruktion der supraleitenden Spulen stellt dabei die Physiker und Ingenieure vor Herausforderungen, sondern auch die Belastbarkeit der verwendeten Materialien und die Anforderungen an Ausmaß und Kosteneffektivität der Beschleuniger. Zur Erzeugung der entsprechenden hohen benötigten Beschleunigungen der Teilchen müssen darüber hinaus neue

Methoden zur Erzeugung hoher Feldgradienten mit variablen Frequenzen unter Verwendung entsprechender Kavitäten entwickelt werden. Außerdem ist die Erzeugung eines extrem hohen Vakuums bei den entsprechenden Strahlintensitäten vonnöten, was sich im Bereich von 10^{-12} Millibar bewegen muss. Zu guter Letzt benötigt man für die Art von Präzisionsphysik, die an FAIR mit Antimateriestrahlen betrieben werden soll, eine besondere Art von Kühlung der Anti-Protonen, welche über Elektronenkühlung und stochastische Kühlung realisiert wird. All dies stellt sehr hohe Anforderungen an die Herstellung der Beschleuniger.

FAIR wird vier große Experimente betreiben, an denen ungefähr 3000 Wissenschaftler aus der ganzen Welt forschen werden: *PANDA, CBM, APPA* und *NUSTAR* (siehe Abb. 6.3). PANDA steht dabei für „Proton-Antiproton Annihilation at Darmstadt", CBM für „Compressed Baryonic Matter", APPA für „Atomic, Plasma Physics and Applications" und NUSTAR für „Nuclear Structure, Astrophysics and Reactions". Während an den APPA, CBM und PANDA-Experimenten um die 500 Forscher arbeiten werden, sind es bei NUSTAR schon über 800. Während sich das APPA Experiment unter anderem den Gebieten der angewandten Physik zuwendet, ist CBM vornehmlich für die Erforschung des *Quark-Gluon-Plasmas* zuständig, wobei ein Spektrometer, das auch schon an der GSI Verwendung findet, die entsprechenden Teilchenstrahlen mit messen soll. Bei APPA werden Proben von zum Beispiel flüssigem Wasserstoff mit Protonenstrahlen aus den SIS-Beschleunigern oder mit Hochleistungslasern, wie *PHELIX* an der GSI, untersucht. Dabei erhitzt eine zylinderförmig um die Probe geschossene Schicht von Ionenstrahlen, wie

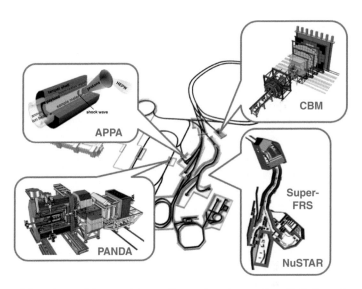

Abb. 6.3   Position und Darstellung der vier großen FAIR-Experi-
mentieranlagen (© FAIR)

z. B. Urankernen, die Probe, die implodiert und die zu
untersuchenden Hochdichte-Schockwellen erzeugt. NUS-
TAR besitzt mit dem Super-FRS, einem Spektrometer der
Superlative, einen Experimentaufbau mit einer Gesamtlän-
ge von 200 m und kann damit schon mit LHC-Dimensio-
nen mithalten (Abb. 6.3).

Was genau wird erforscht?

Die Forschung, die an den vier verschiedenen Experiment-
anlagen betrieben werden soll, ist sehr vielfältig. Um was es
dabei genau geht, sollte im Folgenden etwas klarer werden.

Betrachten wir zum Beispiel PANDA: Auf dem Gebiet der *Hadronenphysik*, also der Physik der stark wechselwirkenden Teilchen, gibt es noch einige Rätsel, die es zu lösen gilt. Eines davon beschäftigt sich mit dem Phänomen des sogenannten Quark-Einschlusses oder *Confinements* der *Quantenchromodynamik*. Dieses besagt, dass keine freien Quarks beobachtet werden können, diese Teilchen also einzeln nie auftreten. Quarks sind in Hadronen eingeschlossen; sie existieren nur in Zweierpaaren, sogenannten Mesonen, und Dreiergrüppchen, sogenannten Baryonen, zu denen das Proton und das Neutron gehören. Teilchenphysiker kommen an dieser Stelle immer gern mit dem Beispiel der Schweizer Uhr, die an die Wand geworfen wird und welche dann auf ihre Einzelteile eingehend untersucht wird. Dies ist das Prinzip von Teilchenkollisionen in Beschleunigern. Im Falle der Hadronen jedoch kann man das zusammengesetzte System nicht so mir nichts, dir nichts zerstören. Dies ist das Prinzip des Confinements: Je weiter wir versuchen die Quarks voneinander zu entfernen, desto stärker wirkt die starke Wechselwirkung. Dabei „kleben" die Quarks über die Vermittlung der sogenannten Gluonen immer stärker zusammen. Wie bei einer Feder kann man zwar diese Gluonen-Verbindung zerreißen, allerdings schnappt sich jedes dabei freiwerdende Quark sofort wieder ein Antiquark aus dem Vakuum und es entsteht wieder ein zusammengesetztes Teilchen, ein Hadron. Dabei ist das Baryon, seiner griechischen Wortbedeutung nach das schwere Teilchen, aus drei Quarks und das Meson das mittelschwere aus zwei Quarks. In der Teilchenphysik versucht man jedoch schon seit ungefähr 50 Jahren Hadronen zu beobachten, die eben nicht nur aus den Duplett- oder Triplett-Zuständen der Mesonen und Baryonen bestehen, sondern zum Beispiel aus vier Quarks, dem sogenannten *Tetraquark*, oder mehr. Es verdichten sich jedoch die Hinweise von Elektron-Positron-Beschleunigern und Experimenten wie *BELLE* und *BaBar*, dass es bei sehr hohen Energien und Massen von ungefähr 4 GeV hadronische Zustände gibt, die scharf sind, also eine geringe Halbwertsbreite haben. Dies bedeutet quantenmechanisch, dass diese Zustände eine sehr lange Lebensdauer besitzen und nicht sofort zerfallen. Aufgrund der starken Wechselwirkung wird dieser schnelle Zerfall zwar erwartet, er tritt jedoch nicht ein. Die Vermutung liegt nun nahe, dass es sich dabei um stabile Teilchenzustände aus vier, fünf oder sechs Quarks oder sogar um sogenannte *Quarkmoleküle* handeln könnte. Mit den entsprechenden Elektron-Positron-Beschleunigern lässt sich dies zwar nicht herausfinden, mit den Möglichkeiten von FAIR jedoch schon. Die Verwendung von Anti-Protonen-Strahlen bietet dabei für die Erzeugung von solchen exotischen Teilchen und deren anschließender Betrachtung mit PANDA viel mehr Freiheiten.

Am Puls der Forschung in der Quantenchromodynamik
Das Forschungsgebiet der QCD ist nicht nur im Bereich der *Hadronenphysik* und der fundamentalen Symmetrien von Relevanz, sondern auch in Hinblick auf die Erforschung des *QCD-Phasendiagramms* und des *Quark-Gluon-Plasmas*. Dabei ist auch die Verbindung zur Astrophysik in Bezug auf kompakte Objekte wie *Neutronensterne* oder postulierte *Quarksterne* von Interesse. Das damit verbundene Verständnis des Quark-Einschlussmechanismus' oder sog. *Confinements* beleuchtet dabei eine Vielzahl von Aspekten, wie die Erklärung der Massen der leichten Valenz-Quarks. Darüber hinaus stellt sich zum Beispiel auch die Frage, ob sich Quarkpaare in hadronischen Zuständen unter extremen Bedingungen, analog zur Cooper-Paar-Bildung

von Elektronen, wie ein *Suprafluid* verhalten können. Des Weiteren findet nicht nur die Erforschung der *chiralen Symmetriebrechung* große Beachtung, sondern auch die der sogenannten *konformen Symmetrie*, die in der Vergangenheit vor allem für die Stringtheorie und GUT-Modelle von Interesse war, in Hinblick auf stark gekoppelte Systeme, wie sie in der QCD oder auch in der Festkörperphysik zu finden sind. Speziell die analytischen Näherungsmethoden der *Störungsrechnung*, sowie numerische Herangehensweisen wie die Gittereichtheorie oder *Lattice-QCD* stehen darüber hinaus in der Quantenfeldtheorie konstant im Fokus. Neben der Suche nach den sogenannten *Hybrids* und *Glueballs* ist auch die Suche nach sogenannten *Tetraquarks* oder *Quarkmolekülen* und nach einer *vierten Quarkfamilie* Gegenstand aktueller Forschungsbemühungen.

Ein weiteres Problem des *Confinements* ist die Erklärung der Masse der Materie, aus der wir aufgebaut sind. Protonen und Neutronen bestehen nämlich aus punktförmigen und nahezu masselosen Quarks. Der Higgs-Mechanismus erklärt zwar wunderbar die Massen der schweren Quarks, wie des Top- und des Bottom-Quark, jedoch nicht die des Up- und des Down-Quark (u und d in Abb. 6.4). Hierbei schafft es der Higgs-Mechanismus nur, ca. 1 % der Masse zu erklären und es stellt sich heraus, dass die restlichen 99 % eigentlich keine Masse in dem Sinne sind, sondern nach Einsteins berühmter Formel pure Energie! Diese potenzielle Energie kommt eben dadurch zustande, dass das *Confinement* in Baryonen die drei Quarks über Gluonen aneinander bindet. Diesen *Confinement*-Mechanismus muss man dazu aber erst vollständig verstehen, was wir an FAIR mit dem PANDA-Experiment und der verwendeten Antiproton-Proton-Annihilation versuchen wollen. Dabei

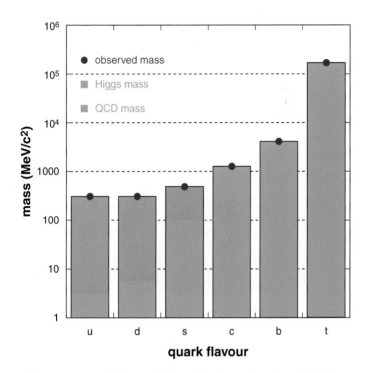

Abb. 6.4 Massenbeiträge bei verschiedenen Quarks. Die leichtesten Konstituenten-Quarks u und d weisen nur einen sehr kleinen Beitrag des Higgs-Mechanismus zu ihrer Massenerzeugung auf (aus „Perspectives of Nuclear Physics in Europe – NuPECC Long Range Plan 2010", edited by Angela Bracco, Philippe Chomaz, Jens Jørgen Gaardhøje, Paul-Henri Heenen, Günther Rosner (Chair), Eberhard Widmann, and Gabriele-Elisabeth Körner, page 83)

erreicht man Schwerpunktsenergien von ungefähr 5,5 GeV, womit es möglich sein wird, sogenannte exotische hadronische Materie zu erzeugen (Abb. 6.5). Die Quantenchromodynamik sagt dabei Teilchen voraus, wie die sogenannten

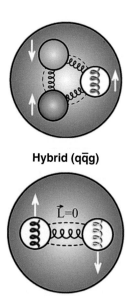

Hybrid (q$\bar{\text{q}}$g)

Abb. 6.5 Visualisierung der hypothetischen Teilchen Hybrid und Glueball (© FAIR)

„Glueballs", die aus zwei (oder auch drei) aneinandergekoppelten schweren Gluonen bestehen und für ihre Masse eben keinen Higgs-Mechanismus benötigen. Weitere dieser hypothetischen Teilchen sind die sogenannten *„Hybrids"*. Diese bestehen aus einem Quark, einem Antiquark und einem massiven Gluon. Diese sehr schweren Teilchen konnten trotz aufwändiger, jahrzehntelanger Suche bisher nicht gefunden werden. Im sogenannten Charm-Sektor, dem Energiebereich der Charm-Quarks, hoffen wir nun an FAIR mit PANDA die entsprechenden Entdeckungen zu machen.

Das Experiment CBM auf der anderen Seite soll die Eigenschaften des QCD-Phasendiagramms näher unter die Lupe nehmen. Dabei ist an FAIR, im Gegensatz zur Forschung am CERN oder am *Relativistic Heavy Ion Collider* in Brookhaven, nicht die Erforschung des Übergangs von hadronischer Materie zum Quark-Gluon-Plasma von Relevanz, sondern vielmehr im Bereich sehr hoher Dichten die Frage, ob, wie von der Theorie vorhergesagt wird, ein sogenannter *kritischer Endpunkt* existiert. Hierbei ist vor allem auch die Erforschung der sogenannten *chiralen Symmetriebrechung* von Relevanz. *Chiralität* wird im Volksmund häufig mit „Händigkeit" gleichgesetzt. Dies erklärt sich wie folgt: Betrachtet man die eigene linke und die rechte Hand, so ist es nicht möglich, durch eine Drehung die eine in die andere zu überführen. Man nennt daher beide Hände chiral. Rotationssymmetrische Gegenstände nennt man stattdessen achiral. Chiralität beobachtet man in vielen Systemen, in denen man zwischen sogenannten links- und rechtsdrehenden Objekten unterscheiden kann. Das gilt zum Beispiel für Aminosäuren oder Saccharose. Die chirale Symmetrie ist insbesondere wichtig für die Hochenergiephysik und dort speziell auch für die Quantenchromodynamik. Grundsätzlich sind jegliche Formen von Symmetrien für die Physik von größter Relevanz, da sie auf Erhaltungsgrößen führen, die wieder vieles über die zugrundeliegende Physik aussagen. Allerdings kommt es in der Natur immer wieder zu sogenannten *spontanen Symmetriebrechungen* bei der Abkühlung bestimmter Systeme. Derselbe Fall liegt bei der chiralen Symmetrie in der Quantenchromodynamik vor, die in unserem heutigen abgekühlten Universum gebrochen ist. Geht man aber in der Zeit zurück zum Urknall

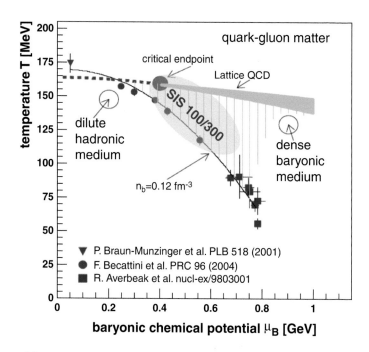

Abb. 6.6 QCD-Phasendiagramm inklusive des Bereichs, den die SIS100/300 Beschleuniger am FAIR erforschen sollen (nach einer Vorlage von © Anton Andronic)

bis zu dem Zeitpunkt, an dem das gesamte, vergleichbar winzige Universum vom Quark-Gluon-Plasma ausgefüllt war, kommt man an den Punkt, an dem die chirale Symmetrie erfüllt war. Dieses Regime im QCD-Phasendiagramm wollen wir nun am FAIR mit CBM eingehender erforschen (Abb. 6.6).

Zwar gibt es gewisse theoretische Abschätzungen für diesen speziellen Materiebereich mittels der sogenannten Gittereichtheorie (*Lattice QCD*), allerdings haben wir bis jetzt noch keine Ahnung, wie diese Art von Materie mit erhaltener chiraler Symmetrie aussehen könnte. Es gibt Vermutungen, dass es sich um eine bestimmte Form dichter baryonischer Materie handeln könnte, was deswegen naheliegend ist, weil die Brechung der chiralen Symmetrie vermutlich das hadronische *Confinement* erzeugt. An FAIR wollen wir mit der Kollision von Goldatomkernen so hohe Baryon- und Energiedichten generieren, dass wir die Dichte von Kernmaterie ungefähr um das Sechsfache überschreiten werden. Dies kann uns schließlich auf eine Vielzahl neuartiger Phänomene führen, die beispielsweise auch in Neutronensternen eine Rolle spielen.

Mit einem weiteren Thema, der sogenannten Kernstrukturphysik, wird sich das Experiment NUSTAR beschäftigen. Die Kerne, die wir dabei an FAIR zur genaueren Erforschung erzeugen wollen, befinden sich vor allem im äußersten rechten, extrem neutronenreichen und sehr instabilen Bereich der sogenannten Nuklidkarte (Abb. 6.7). Diese Elemente haben extrem geringe Lebenszeiten im Bereich von wenigen Nano- bis Pikosekunden. Von besonderer Relevanz ist für uns das Gebiet der *Nukleogenesis* unter extremen Bedingungen, wie im Falle von sogenannten Supernovae oder der Kollision von Neutronensternen. Betrachtet man unsere Sonne, so ist diese nur in der Lage durch Kernfusion Elemente bis hin zum Magnesium zu erzeugen. Für alles, was darüber liegt ist sie schlicht ein zu kleiner, energiearmer Stern. Im Gegensatz dazu können massivere Sterne, wie zum Beispiel blaue Riesen, die das Zehn- bis Fünfzigfache der Sonnenmasse auf die Waage bringen, Elemente bis zum Eisen synthetisieren. Allerdings sind diese Art von Sternen dafür schon nach wenigen Promille der

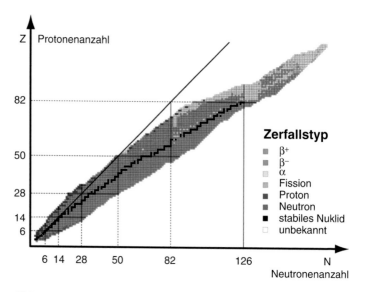

Abb. 6.7 Standard-Nuklidkarte der Kernphysik unter Angabe verschiedener Zerfallstypen. (© Matthias M., Cc-by-sa-3.0)

Lebenszeit unserer Sonne aufgrund der hohen Fusionsraten „ausgebrannt". Nur katastrophale Naturereignisse sind in der Lage, Elemente mit noch höherer Protonen- und Neutronenzahl zu erzeugen. Wie im Falle der Kollision zweier Neutronensterne, erreicht man dabei so hohe Dichten, wie man sie sonst nur aus dem Beispiel des QCD-Phasendiagramms kennt, wodurch die uns bekannten stabilen schweren Kerne, wie Gold und Blei, durch den Zerfall der bei diesen Ereignissen erzeugten instabilen schweren Kerne hergestellt werden. Anhand dieser Beispiele wird auch der Name NUSTAR – Nuclear Structure, Astrophysics and Reactions – klar. Dabei werden wir mit NUSTAR in der Lage sein, so hochenergetische Sekundärstrahlen zu erzeugen, die eine zehntausendfach größere Intensität haben, als was heute möglich ist, dass die gewünschten seltenen und ultrakurzlebigen Elemente aus z. B. Supernovae auch im Labor erzeugt werden können. Dieser Faktor 10.000 wird vor allem durch einen sogenannten Fragmentseparator, den sogenannten Super-FRS, erreicht, der mit einer Länge von 130 m, was ungefähr der doppelten Länge des bisherigen Weltrekordhalters an der GSI entspricht, Maßstäbe setzt, die wohl für die kommenden 15 Jahre auch weltweit nicht übertroffen werden. In den USA wird zum Beispiel momentan ein Gerät gebaut, das nur der Größe des bisherigen Instruments an der GSI entspricht und auch viel später als das neue FAIR-Instrument fertiggestellt sein wird. Vergleicht man die Situation zum Beispiel mit dem HIE-ISOLDE Instrument am CERN, stellt sich schnell heraus, dass wir auch aufgrund der besseren Selektivität des neuen Instruments an FAIR voraussichtlich eine bessere Ausgangssituation haben, um sehr viel mehr seltene und neutronenreiche Kerne zu erzeugen.

Die Nuklidkarte der Kernphysik

Die *Nuklidkarte* ist mit der Auflistung sämtlicher z.Zt. bekannter Atomkerne und den entsprechenden Isotopen sozusagen das Periodensystem der Kernphysik. In der Nuklidkarte (Abb. 6.7) wird im Allgemeinen die Protonenzahl Z (auch Ordnungs- oder Kernladungszahl genannt) gegen die Neutronenzahl N aufgetragen. Für leichte Elemente befinden sich die Nuklide auf einer Geraden mit N = Z. Um die schmale Linie von stabilen Nukliden herum streuen die *Isotope*, die eine unterschiedliche Halbwertszeit und damit Stabilität besitzen. Der gesamte Aufbau der Nuklidkarte ergibt sich schließlich aus dem komplexen Kernaufbau, der zum einen auf der starken Wechselwirkung, zum anderen aber auch auf der elektrostatischen Abstoßung und dem *Pauli-Prinzip* beruht, dem die Nukleonen in ihrer Eigenschaft als Fermionen unterliegen. Für schwere Kerne ergibt sich die beste Nuklidstabilität für Werte von N > Z. Die meist farblichen Kennzeichnungen in den Nuklidkarten bezeichnen die Halbwertszeiten, die von Nanosekunden über Tausende von Jahren bis hin zur Stabilität reichen. Zerfallsprozesse radioaktiver Isotope laufen meist über Aussendung von *Alpha-, Beta-,* oder *Gamma-Strahlung* ab. Alpha-Strahlung besteht aus Helium-Kernen, während Beta-Strahlung aus Elektronen oder Positronen und Anti-Neutrinos bzw. Neutrinos besteht. Gerade bei instabilen Isotopen mit Neutronenüberschuss oder Neutronenmangel ist die Beta-Strahlung von Relevanz. Bei sehr schweren Nukliden wie beim Uran kann es nach dem sogenannten *Tröpfchenmodell* der Kernphysik auch zur *Kernspaltung* kommen, was unter anderem in Atomkraftwerken oder Atombomben ausgenutzt wird. Für diese spontane Kernspaltung wie auch für den Alpha-Zerfall ist dabei der *quantenmechanische Tunneleffekt* verantwortlich.

Kernfusion und ihre Mechanismen

Die *Kernfusion* stellt neben der Erzeugung schwerer Elemente auch eine Möglichkeit zur Energienutzung durch Freiwerdung von Kernbindungsenergie dar. Dieser Prozess führt in Sternen wie der Sonne zum sogenannten *Wasserstoff-* und zum anschließenden *Heliumbrennen.* Die Kernfusion lässt dabei Sterne aufgrund ihres eigenen Gravitationsdrucks leuchten. Allerdings produzieren selbst schwere Sterne nur Elemente bis hin zum Eisen. Seltene leichte Elemente wie Lithium und Bor werden stattdessen durch den Prozess der sogenannten *Spallation* (Zertrümmerung) von schwereren Atomkernen erzeugt, während schwerere Elemente als Eisen in sogenannten Supernova-Explosionen oder Neutronenstern-Kollisionen entstehen könnten. Die Kernfusion läuft dann exotherm ab, es wird also Energie frei, wenn die Massen der Fusionsprodukte geringer sind als die der Ausgangskerne. Nach Einsteins berühmter Formel $E = mc^2$ wird dieser Massendefekt als Energie freigesetzt. Bei der Fusion ist wiederum der Tunneleffekt von Relevanz, um die elektrostatische Abstoßung der Kerne zu überwinden, bis schließlich ab einem gewissen (kleinen) Abstand die starke Wechselwirkung überwiegt. In *Fusionsreaktoren* soll die Kernfusion zur Stromerzeugung genutzt werden. Dabei gibt es verschiedene Möglichkeiten: die der *Magnetfusion* und die der *Trägheitsfusion*. Die Magnetfusion ist die nach heutigem Stand aussichtsreichste Variante zur Energiegewinnung, wobei ein Plasma aus einer Mischung aus den leichten Kernen Deuterium und Tritium (*DT-Fusion*) über lange Zeit kontrolliert bei immensem Druck in einem starken Magnetfeld eingeschlossen wird. Dies ist vonnöten, um die Rahmenbedingungen, wie sie in Sternen unter dem hohen Gravitationsdruck herrschen, zu schaffen. Dabei werden schließlich Temperaturen von ungefähr 100 Mio. Kelvin erreicht. Beim Magnetfusionsreaktortyp des sogenannten *Tokamak* wird dieser stabile Plasmaeinschluss durch ein torusförmig komplex gekrümmtes Magnetfeld ermöglicht. Bei der Trägheitsfusion wird stattdessen die Massenträgheit eines gefrorenen Deuterium-Tritium-Gemischs ausgenutzt, bei dem die Fusionsreaktion deswegen allerdings innerhalb von 10^{-11} Sekunden ablaufen muss. Zur Initiierung der Fusionsreaktion wird die Probe z. B. von allen Seiten mit starken, gepulsten Laserstrahlen beschossen, was zur starken Aufheizung und Verdichtung der Probe führt. Auch ein Beschuss mit Ionenstrahlen aus Teilchenbeschleunigern wie an der GSI bzw. in Zukunft an FAIR wäre für die Erreichung eines besseren Wirkungsgrads geeignet.

Das Experiment APPA hingegen widmet sich vorrangig der Untersuchung extrem starker elektromagnetischer Felder. Warum ist das so interessant? Man erhofft sich durch den hohen Energiegehalt der Felder vor allem, dass dabei neue Teilchen und deren Antiteilchen spontan erzeugt werden, wie zum Beispiel das *Axion* und das *Anti-Axion*, welche unter anderem als mögliche Kandidaten für Dunkle Materie gelten. Von besonderem Interesse ist dabei der Bereich der sogenannten relativistischen Optik und schließlich über das

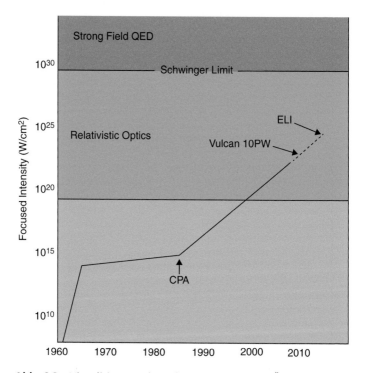

Abb. 6.8 Visualisierung des Schwinger-Limits als Übergang zwischen den Intensitätsbereichen der relativistischen Optik und der nichtlinearen QED. Angegeben ist darüber hinaus die zeitliche Entwicklung der Laserexperimente in den entsprechenden Energiebereichen. (nach einer Vorlage von © Mourou, Tajima, Bulanov, RMP 78, 2006)

sogenannte *Schwinger-Limit* hinaus, welches einen Bereich hoher Nichtlinearität kennzeichnet (Abb. 6.8). Zumeist wird versucht, solch hohe elektromagnetische Felder mit Lasern zu erreichen, jedoch ist dabei auch unter Verwendung von Projekten wie *ELI* (*Extreme-Light-Infrastructure*) mit einer Anfangsleistung von ungefähr 5 Petawatt ein

Erreichen des Schwinger-Limits in den nächsten Jahren nicht realistisch. Während die verwendeten Laser hierbei Pulsfrequenzen im Femtosekundenbereich bereitstellen, wird es an FAIR möglich sein, durch Schwerionenkollisionen in einen Bereich vorzudringen, der Laserpulsen von Zeptosekunden, also 10^{-21} Sekunden, entspricht. Die zu erzeugende elektrische Feldstärke wächst mit der Kernladungszahl an, womit es für Schwerionen möglich ist, Intensitäten von über 10^{28} W pro Quadratzentimeter zu erreichen, was uns schließlich an das Schwinger-Limit heranführt.

Das Schwinger-Limit

Das *Schwinger-Limit* stellt einen Bereich in der Quantenelektrodynamik dar, ab dem nichtlineare Effekte die elektrische Feldstärke beeinflussen können. Dabei könnten Photon-Photon-Paare im Gegensatz zur linearen Maxwell'schen Theorie spontan Elektron-Positron-Paare erzeugen. Dies hätte vor allem interessante Implikationen für das sogenannte QED-Vakuum, welches durch Zerfall theoretisch in einen anderen Vakuumzustand übergehen würde. Das Schwinger-Limit wird ab einem elektrischen Feldwert von ungefähr $1{,}3 \times 10^{18}$ V/m bzw. für eine Intensität von ungefähr 10^{29} W/cm^2 erwartet und ist ein wichtiger Forschungsbereich der nichtlinearen Optik. Darüber hinaus ist dieser Bereich von großer Wichtigkeit für die nichtlineare Beschreibung der QED innerhalb des Standardmodells der Teilchenphysik.

Ein weiteres wichtiges Thema bei APPA ist das der *Plasmaphysik*. Ein Plasma stellt ein Teilchengemisch dar, dessen Bestandteile ionisiert sind. Das bedeutet, es enthält freie Ladungsträger. Je nach Dichte und korrespondieren-

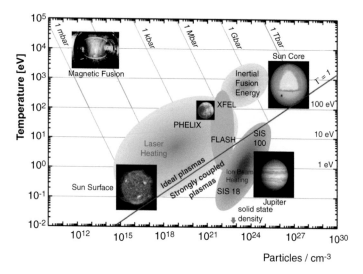

Abb. 6.9 Phasendiagramm von Plasmen. Angegeben sind sowohl die Bereiche verschiedener Kernfusionsmechanismen, als auch Methoden der Erzeugung über Laser wie mit PHELIX oder über Ionenstrahlen mit SIS18 an der GSI und SIS100 an FAIR (© FAIR)

der Temperatur verhält sich ein Plasma unterschiedlich. So kann es zum Beispiel Eigenschaften aufweisen, die denen eines Gases sehr ähnlich sind. Betrachtet man nun das Verhalten von Dichte und Temperatur, lässt sich eine Art Phasendiagramm erstellen, in welchem sich verschiedene Plasmastufen charakterisieren lassen (Abb. 6.9). Oberhalb einer bestimmten Phasentrennlinie findet man dabei die sogenannten idealen Plasmen, die in der Regel als gasförmig bezeichnet werden. Darunter befindet sich dann das Gebiet der stark gekoppelten Plasmen. Bei verhältnismäßig niedrigen Temperaturen und Dichten finden wir zum Beispiel die Oberfläche unserer Sonne auf der Seite der idealen

Plasmen wieder, während sich Jupiter bei höheren Dichten schon im Bereich des stark gekoppelten Plasmas bewegt. Die meisten Naturphänomene spielen sich dabei im Bereich dieser Trennlinie ab. Im Gegensatz dazu bewegen sich Magnetfusionreaktoren, wie ITER zum Beispiel, im Bereich sehr niedriger Dichten und sehr hoher Temperaturen, die sich sehr weit von diesem Bereich entfernen. An FAIR wird uns vor allem mit dem SIS100-Beschleuniger der Bereich in der Nähe der Phasentrennlinie bei hohen Dichten und hohen Temperaturen interessieren, in welchem sich auch das Sonneninnere befindet. Die Analyse des Plasmas findet schließlich über Röntgenstreuungsmethoden statt, die mittels Erzeugung durch die PHELIX Lasereinrichtung, die sogenannte warme, dichte Materie (WDM) untersuchen. Die spezielle und weltweit einzigartige Verbindung der lasergetriebenen Röntgendiagnostik und der Schwerionenstrahlen bei hohen Intensitäten soll das Forschungsgebiet der Plasmaphysik weiter vorantreiben.

Schließlich darf auch der Bereich der *Nuklearmedizin* nicht unerwähnt bleiben. Obwohl schon von Seiten der GSI die offenkundigen Bereiche wie die Hadronentherapie mit Schwerionen oder die bildgebenden Verfahren in der Krebsforschung und die damit verbundenen Weiterentwicklungen und Fortschritte aus Vergangenheit und Zukunft erwähnt werden könnten, ist ein etwas exotischeres Forschungsbeispiel ebenfalls äußerst interessant: das der Strahlenbelastung bei der Raumfahrt. Will man zum Beispiel zum Mars fliegen, ist man monatelang baryonischer Strahlung in Form von Protonen und Schwerionen ausgesetzt. Obwohl im Vergleich zu den Protonen weitaus weniger Schwerionen durchs

All sausen, ist offensichtlich ein geladener Atomkern weitaus gefährlicher als ein einzelnes Proton. Die gesamte Äquivalentdosis, also die biologische Schädlichkeit, ist daher für die paar Schwerionen ungefähr genauso hoch wie für sämtliche Protonen. Die Erforschung der Auswirkungen von Schwerionen auf den menschlichen Körper ist daher auch in Hinblick auf die Raumfahrt ein relevantes Forschungsgebiet und wird nach der vergangenen Kollaboration mit der ESA (European Space Agency) an der GSI auch in dieser Zusammenarbeit an FAIR weitergeführt werden.

Wichtige Strahlungsgrößen in der Medizin

Im Bereich des Strahlenschutzes und der medizinischen Verwendung ionisierender Strahlung sind einige Größen von hoher Relevanz. Zunächst ist das die sogenannte *Dosis*, die das Strahlungsgefährdungsmaß darstellt. Dabei handelt es sich meist um die sogenannte *Energiedosis* D oder um die *Äquivalentdosis* H, welche beide die pro Masse abgegebene Strahlenenergie messen. Alternativ zur Energiedosis wird manchmal auch die *Ionendosis* bestimmt, welche die pro Masse abgegebene Ladungsmenge kennzeichnet. Obwohl sowohl die Energie- als auch die Äquivalentdosis die Einheit Joule pro Kilogramm besitzen, wird die Energiedosis mit der Einheit *Gray* und die Äquivalentdosis mit der Einheit *Sievert* angegeben. Die Äquivalentdosis bezieht darüber hinaus mittels eines sogenannten Strahlengewichtungsfaktors die biologische bzw. medizinische Relevanz verschiedener Strahlungsarten ein, was als *relative biologische Wirksamkeit (RBW)* bezeichnet wird. Weitere Messgrößen, wie die sogenannte *effektive Dosis* und die *Organdosis,* bestimmen über zusätzliche Gewichtungsfaktoren den Einfluss der betreffenden Strahlungsart auf verschiedene Organe und Gewebearten, wodurch eine eindeutigere Strahlungsbelastungsklassifikation für den Menschen und die Gesundheit möglich ist. Dabei ist die Organdosis, trotz ihrer Bezeichnung, zuständig für die Auswirkung auf das Gewebe und die effektive Dosis zusätzlich für die Auswirkung auf die Organe

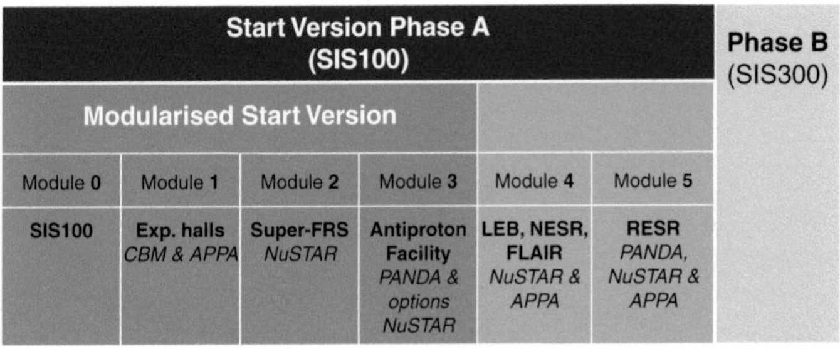

Start Version Phase A (SIS100)						Phase B (SIS300)
Modularised Start Version						
Module **0**	Module **1**	Module **2**	Module **3**	Module **4**	Module **5**	
SIS100	**Exp. halls** *CBM & APPA*	**Super-FRS** *NuSTAR*	**Antiproton Facility** *PANDA & options NuSTAR*	**LEB, NESR, FLAIR** *NuSTAR & APPA*	**RESR** *PANDA, NuSTAR & APPA*	

Abb. 6.10 Modularisierte Startversion der beiden Bauphasen. Phase A ist dabei dem Beschleuniger SIS100 gewidmet (© FAIR)

A long but FAIR way…

Um all die genannte Forschung schließlich betreiben zu können, ist es natürlich ein langer Weg. Eine Skizzierung der entsprechenden Finanzierungs- und Baubemühungen ist daher ebenso wichtig wie instruktiv. Dabei kann ein Riesenprojekt wie FAIR schlecht auf einmal aufgebaut werden, sondern muss vielmehr in Stufen, also modularisiert, errichtet werden (Abb. 6.10). Das Projekt teilt sich in zwei Phasen mit zwei verschiedenen Beschleunigern auf: Phase A mit dem SIS100 und Phase B mit dem SIS300. Die modularisierte Startversion der sogenannten Phase A des Ringbeschleunigers SIS100 wird voraussichtlich bis zum Jahr 2021 fertiggestellt sein. Diese Startversion besteht aus vier Modulen, während die gesamte Phase A für SIS100 aus insgesamt sechs Modulen besteht. Dabei werden ungefähr 85 % der für Phase A veranschlagten Gelder benötigt, womit auch schon 85 % der Forschung betrieben werden

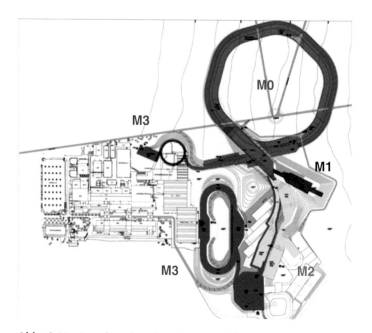

Abb. 6.11 Bauplan der einzelnen Module der modularisierten Startversion der Phase A. Im Wesentlichen bezeichnen: M0 die SIS100/300-Beschleunigungsanlage, M1 die CBM-Halle, M2 die APPA- und NUSTAR-Experimentierlagen und M3 die Anlagen zur Erzeugung und Speicherung von Antiprotonen (© FAIR)

können. Die Module bestehen dabei aus dem Synchrotron SIS100 für Teilchen der magnetischen Steifigkeit 100 Tm, den Experimentierhallen von CBM und APPA, dem NUSTAR Experiment mit dem Super-FRS und der Antiprotonen-Anlage von PANDA sowie weiteren Optionen für NUSTAR (Abb. 6.11). In den übrigen zwei Modulen werden nach 2021 noch verschiedene Erweiterungen für die einzelnen Experimente folgen.

Die Gesamtkosten betragen nach dem Stand von 2005 ungefähr eine Milliarde Euro, was sich inflationär um das ca. 1,5-fache bis 2020 erhöhen mag. Über die Hälfte der Kosten muss dabei für den Bau der Gebäude mit ihren immensen Abschirmmauern aufgewendet werden. Weiterhin verschlingen die Beschleuniger fast die Hälfte des Budgets und für die Experimente bleibt, wie auch am LHC des CERN, nur noch wenig übrig. Die Finanzierung der Experimente wird zu ca. einem Drittel aus haushaltseigenen Mitteln von FAIR getragen und zu etwa zwei Dritteln aus externen Quellen. Wie auch beim CERN müssen dabei verschiedene Anträge, Berichte und Finanzierungspläne durch verschiedene Ausschüsse gehen, bis schließlich ein *Construction Memorandum of Understanding* für die endgültige Finanzierung festgelegt werden kann. Die verschiedenen Finanzierungsbeiträge zum Gesamtprojekt werden darüber hinaus auf die verschiedenen Mitgliedsstaaten verteilt, wobei Deutschland als Gastland mit ca. 700 Mio. Euro am meisten beiträgt, gefolgt von Russland und Indien. Zurzeit gibt es auch weitere Verhandlungen zur Mitgliedschaft von Spanien, Italien und China, die schließlich, wie die anderen Länder, große Beiträge zu den Experimenten leisten werden.

Um die Baugenehmigungen für das Projekt zu erhalten, war ein immenser Aufwand vonnöten. Im August 2011 haben wir sage und schreibe 771 Ordner mit Genehmigungsanträgen an die Darmstädter Baubehörden eingereicht, was einen ganzen LKW gefüllt hat. Ende Oktober 2012 war es dann schließlich soweit, dass wir die Baugenehmigung erhalten haben. Aber auch die entsprechenden Strahlenschutzgenehmigungen mussten erst einmal vom Umweltministerium in Hessen bewilligt werden. Schließlich erhielten wir im Juli 2012 vom Bundesministerium für Bildung und Forschung die größte Förderung für einen Bau, den das Ministerium jemals ausgestellt hat, in Höhe von über 500 Mio. Euro. Dadurch war das Bauvorhaben abgesichert und konnte endlich begonnen werden. Nach all den formellen Bemühungen wird nun ein Komplex errichtet mit einer Gesamtfläche von 200.000 Quadratmetern, von denen die Gebäudegrundfläche 100.000 Quadratmeter beträgt und die gesamte Nutzfläche durch mehrere Stockwerke 135.000 Quadratmeter. Das Gesamtvolumen der Gebäude beträgt dabei eine Million Kubikmeter. Durch die Strahlungsabschirmung besitzen die Gebäude bis zu acht Meter dicke Mauern und werden bis zu 18 m tief in die Erde eingegraben. Die Masse dieser Gebäude würde ohne entsprechende bauliche Absicherung zu einem graduellen Absinken im instabilen Sandboden rund um die GSI führen, weswegen außerdem ca. 1400 Betonpfähle zur Stabilisierung der Konstruktion benötigt werden, die bis zu 65 m tief reichen. Die Realisierung der Strahlverteilung innerhalb der Gebäude mit ihrem komplexen Innenleben stellt ebenso eine große bauliche Herausforderung dar und stellt so manchen Großbahnhof schnell in den Schatten (Abb. 6.12).

Anfang 2013 begannen auf dem gerodeten Gelände nach Errichtung einer eigenen Betonmischanlage für die Unmengen an benötigtem Beton die ersten Bohrungen

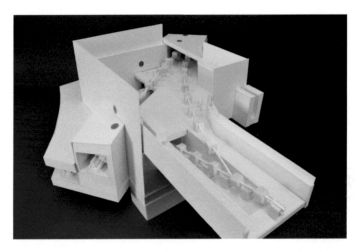

Abb. 6.12 Modell eines Gebäudeausschnitts der komplexen Kreuzung der Strahlführungen nach dem SIS100 Ringbeschleuniger (© FAIR)

für die Pfahlstabilisierungen und wir sind optimistisch, in 2019/2020 nach unserem Bauplan auch überirdisch alles fertiggestellt zu haben. Das Herzstück stellen aber sicherlich die Beschleuniger und die Experimente dar. Auch dort stellt die Konstruktion die Physiker und Ingenieure vor große Herausforderungen, von den Strahlrohren, den sogenannten Beamlines, bis zu den supraleitenden Dipol-, Quadrupol- und Sextupolmagneten, deren Spulen eine besondere Art der Krümmung aufweisen und deren Herstellung alles andere als trivial ist. Diese Art Magnete wird schließlich in Experimenten wie z. B. NUSTAR zur Strahlführung speziell hintereinandergeschaltet, wobei das Experimentdesign gerade beim Super-FRS sehr komplex ist. Auch an diesem

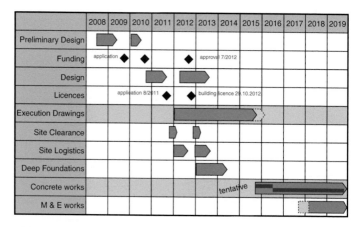

	2008	2009	2010	2011	2012	2013	2014	2015	2016	2017	2018	2019
Preliminary Design	▰											
Funding	application ◆	◆			◆	approval 7/2012						
Design			▰		▰							
Licences		application 8/2011 ◆			◆	building licence 29.10.2012						
Execution Drawings					▰			▷				
Site Clearance				▰	▰							
Site Logistics					▰	▰						
Deep Foundations					▰							
Concrete works						tentative	▰					
M & E works										▰		

Abb. 6.13 Bauplan für das Forschungszentrum FAIR bis zur geplanten Fertigstellung im Jahr 2019 (© FAIR)

Beispiel zeigen sich die großen Herausforderungen, die es von Seiten der Experimente beim Bau von FAIR zu bewältigen gilt und an deren zeitlicher Einhaltung wir alle mit Hochdruck arbeiten (Abb. 6.13).

Somit werden nach dem Abschluss des Rohbaus auch die Experimente im Jahr 2018/2019 beginnen, Einzug zu halten und der erste Strahl nach langer und intensiver Vorbereitungszeit voraussichtlich im Jahr 2021 im wahrsten Sinne des Wortes mit Hochspannung erwartet.

Printed in the United States
By Bookmasters